BIBLIOTHECA
SCRIPTORVM GRAECORVM ET ROMANORVM
TEVBNERIANA

BT 2016

IOANNES PHILOPONUS

DE USU ASTROLABII EIUSQUE CONSTRUCTIONE

ÜBER DIE ANWENDUNG DES ASTROLABS UND SEINE ANFERTIGUNG

UNTER MITARBEIT VON HEINER ROHNER
HERAUSGEGEBEN, ÜBERSETZT UND ERLÄUTERT VON
ALFRED STÜCKELBERGER

DE GRUYTER

ISBN 978-3-11-040221-6
e-ISBN (PDF) 978-3-11-040276-6
e-ISBN (EPUB) 978-3-11-040281-0
ISSN 1864-399X

Library of Congress Cataloging-in-Publication Data
A CIP catalogue record for this book has been applied for at the Library of Congress.

Bibliographic information published by the Deutsche Nationalbibliothek
The Deutsche Nationalbibliothek lists this publication in the Deutsche Nationalbibliografie; detailed bibliographic data are available in the Internet at http://dnb.dnb.de.

© 2015 Walter de Gruyter GmbH, Berlin/München/Boston

Printing: Hubert & Co. GmbH & Co. KG, Göttingen
∞ Gedruckt auf säurefreiem Papier

Printed in Germany

www.degruyter.com

INHALT

Praefatio VII
Conspectus siglorum X
Erklärung einiger Fachausdrücke XI

Περὶ τῆς τοῦ ἀστρολάβου χρήσεως καὶ κατασκευῆς καὶ τῶν
ἐν αὐτῷ καταγεγραμμένων, τί ἕκαστον σημαίνει /
Über die Anwendung des Astrolabs und seine Anfertigung
sowie die Bedeutung der darauf befindlichen Einzeichnungen ...1

Anhang

1. Erläuterungen 67
    1.1. Klärung der Begriffe (Abb. 1a–d) 67
    1.2. Das Astrolabium des Philoponos.................69
    1.3. Quellen des Philoponos und Frühgeschichte
         des Astrolabiums 81
2. Bibliographische Angaben 87
    2.1. Ältere Textausgaben, Übersetzungen und textkritische
         Bemerkungen zur Schrift des Philoponos..........87
    2.2. Zu Philoponos 87
    2.3. Spätere, für die Rezeptionsgeschichte bedeutsame
         Astrolab-Traktate 88
    2.4. Zur Frühgeschichte des Astrolabs................88
3. Wort-Index..91
    3.1. Eigennamen 91
    3.2. Index der wichtigsten astronomischen Termini 91

PRAEFATIO

Ioannis Philoponi Alexandrini *De usu astrolabii eiusque constructione* tractatum, quem primum 'impressionis honore – ut ipse dicit – donavit' Henricus Hase (*Rheinisches Museum* 6, 1839, 127-171), post duo fere saecula iterum edere non absque ratione esse putabam. Libellum istum tam diu neglectum ad mathematicos potius quam ad philologos pertinere Hase iure suspicatus est. Nam non de magnis philosophiae quaestionibus, ut in Philoponi Commentariis Aristotelicis, agitur, sed ad instruendos astronomiae discipulos instrumentum mathematicum iam diu ante Philoponum notum simplici sermone describitur.

Tamen Philoponi de astrolabio tractatus non parvi pretii aestimandus est, cum vetustissimam adhuc servatam descriptionem illius subtilis instrumenti offerat. Nam quae Synesius (*Ad Paeonium de dono opusc.* 5, 1-9) et Proclus (*Hypotyposis* 6) de rebus similibus scripserunt, ad instrumenta aliter confecta spectant; multum enim differt sphaericum illud instrumentum scientissime excogitatum, quod Ptolemaeus sub eodem nomine ἀστρολάβος descripsit (*Synt.* 5,1) quodque Proclus (l.c.) commentario illustravit, ab eo simpliciore instrumento planisphaerico, quod Philopono ad manum erat. Itaque Philoponi tractatus plurimum valet ad indagandam illius instrumenti originem, quod temporibus posterioribus praesertim in Mundo Arabico receptum et innumeris diligentissime manu factis exemplaribus divulgatum est.

Philoponi De astrolabio tractatus in octoginta fere codicibus traditus est, qui plerumque astronomica vel geographica collectanea continent et quorum nullus XIV saeculo antiquior est. Ex his Hase ad textum constituendum tribus tantum Regiae tum Bibliothecae Parisinae usus est: Parisino, Suppl. Graecum 55 (= A), Parisino, Suppl. Graecum 83 (= B), Parisino Graeco 1921 (= C). Inter hos praetulit duos Huetianos, unum (A), quem Petrus Danielis Huetius, Francogallicus vir doctus (1630-1721), notis instruxit, alterum (B), quem Huetius ipse a.d. 1652 exaravit. Hasii textum anonymus quidam 'optimae spei iuvenis seminarii philologici Bonnensis sodalis' – ut ipse dicit – compluribus coniecturis ditavit.

Optime de Philoponi textu meritus est Paulus Tannery, qui non quidem editionem novam curavit, sed tamen notis criticis textum pluribus locis multa sagacitate correxit (*Notes critiques sur le traité de l'Astrolabe de Philopon, Revue de philologie, de littérature et d'histoire anciennes* 12, 1888, 60-73) et versionem Francogallicam confecit (*Jean le grammarien d'Alexandrie [Philopon] sur l'usage de l'astrolabe et sur les tracés qu'il présente,* in: *Memoires scientifiques* 9, 1929, 341-367). Imprimis codicis C praestantiam cognovit eiusque lectionibus plus ponderis attribuit et, ubi ille deficit, codd. D (Parisinum Graecum 2409) et E (Parisinum, Suppl. Graecum 13) adhibuit.

Ipse in redigendo Philoponi textu lectionibus ab Hase et Tannery memoratis magna parte confisus tamen codd. C et D adminiculis photographicis usus examinavi et codicem Florentinum Laurentianum Plut. 28.16 (= F) adhuc nondum exploratum adhibui, non parvo cum emolumento, cum interdum textum pleniorem praebeat nonnullaque, quae alii iam antea coniecerunt, nunc confirmet. Cum nusquam fere de textus sensu dubitetur, plures codices inspicere supersedi.

In apparatu critico constituendo non omnia codicum D et F addidamenta vel in textu vel in margine adscripta recepi variasque levissimi ponderis lectiones memorare omisi.

Capitulis numeros et paragraphos adscripsi, utentibus usui fore arbitratus.

Cum in Philoponi tractatu de re non cuique obvia agatur, textum in Germanicum sermonem denuo convertere et quasdam explicationes et figuras addere non superfluum esse opinabar; nam in versione, quam Josephus Drecker ante plus quam octoginta annos confecerat (*Des Johannes Philoponos Schrift über das Astrolab, Isis* 11, 1928, 15-44) multa inveniuntur, quae vel rectius vel melius dici possint.

Addidamenta quaedam, ut scholium Macarii ad Nicephori Gregorae tractatum de astrolabio et cuiusdam 'Aegyptii' tractatum de astrolabio, quae in A et aliis codd. Philoponi textum sequuntur et quae Hase in editione sua publici iuris fecit (l.c. 157-171), cum ad rem parvi momenti sint, huic editioni adicere nolui.

Restat ut gratias habeam omnibus, qui aliquid ad parandam editionem contulerunt: Henrico Rohner, qui figuras magna cum subtilitate delineavit, Henrico Guenthero Nesselrath, qui sagaci iudicio mendas non paucas animadvertit, aedium De Gruyter curatoribus, qui officio editorio diligenter fungebantur.

Dabam Bernae, mense Aprili MMXIV A. Stückelberger

CONSPECTUS SIGLORUM

Ex octoginta fere codicibus, qui Philoponi De astrolabio tractatum exhibent, his sex ad textum constituendum usus sum:

A	= Parisinus Suppl. Graecum 55, (saec. XVI), olim Huetii
B	= Parisinus Suppl. Graecum 83, (a.d. 1652), manu Huetii Holmiae exaratus
C	= Parisinus Graecus 1921 (saec. XIV), mutilus (deficit ab 10,1)
D	= Parisinus Graecus 2409 (saec. XVI), m.pr. (= manus prima), m.sec. (= manus secundae correcturae)
E	= Parisinus Suppl. Graecum 13 (saec. XVI)
F	= Florentinus Laurentianus Plut. 28.16 (saec. XIV)
Huet.	= Petri Danielis Huetii (1630–1721) emendationes
Hase	= Editio ab Henrico Hase curata (Rhein. Mus. 6, 1839, 127–171), qui praecipue codd. A et B secutus est posthabito cod. C.
anon. Bon.	= emendationes anonymi cuiusdam iuvenis Bonnensis, qui Hasii textum redegit (cf. Hase p. 171).
Tan.	= Paul Tannery, Notes critiques sur la traité de l'astrolabe de Philopon. (Rev. de philologie, de littérature et d'histoire anciennes 12, 1888, 60–73), qui codicum D et E lectiones addidit et codicis C praestantiam cognovit.
⟨ ⟩	his uncis addenda indicantur
[ ]	his uncis delenda indicantur

numeri in margine adscripti (129 H. – 156 H.) paginas Hasii editionis indicant.

ERKLÄRUNG EINIGER FACHAUSDRÜCKE

Einige auch in der heutigen Fachsprache verwendete griechische *termini technici* sind unübersetzt belassen oder in gebräuchlicher latinisierter Form wiedergegeben worden:
(vgl. auch Abb. 3a/3b S. 76/77)

Arachne	Spinne oder Rete: netzartig durchbrochene Scheibe, welche den Tierkreis und die Positionen einiger heller Fixsterne anzeigt (hier 17 Fixsterne: vgl. 8,1).
Diopter	Visierlineal, auf der Rückseite des Instrumentes mit Visiereinrichtung
Ephemeriden	kalenderartiges Verzeichnis mit Angaben des Standortes der Sonne und ev. weiterer Himmelskörper (vgl. 5,11; 8,7).
Klima	geographische Breitenzone, basierend auf der Einteilung der Oikumene in 7 Klimata (z. B. 3. Klima mit Referenzort Alexandria, 31°N; 4. Klima mit Referenzort Rhodos, 36°N).
Parallelkreise	Höhenkreise über dem Horizont, von 0° (=Horizont) bis 90° (= Zenit)
Quadrant	*tetartemorion*, Viertelskreis, meist die östliche oder westliche Hälfte des über dem Horizont stehenden Halbkreises der Tympanon-Scheibe.
Tympanon	Einlagescheibe, die unter die Arachne gelegt wird, mit auf die geographische Breite (*klima*) des Beobachtungsortes (*oikesis*) abgestimmter Eintragung der Parallelkreise.
Zodiakos	Tierkreis, eingeteilt in die bekannten 12 Tierkreisbilder, durch welche die scheinbare Bahn der Sonne (= Ekliptik) verläuft.
in ⟨ ⟩	das Verständnis erleichternde Ergänzungen
in ( )	präzisierende Erklärungen im Text
in [ ]	zu tilgende Worte

IOANNES PHILOPONUS

Περὶ τῆς τοῦ ἀστρολάβου χρήσεως καὶ
κατασκευῆς καὶ τῶν ἐν αὐτῷ καταγεγραμμένων,
τί ἕκαστον σημαίνει

JOHANNES PHILOPONOS

ÜBER DIE ANWENDUNG DES ASTROLABS
UND SEINE ANFERTIGUNG SOWIE DIE BEDEUTUNG
DER DARAUF BEFINDLICHEN EINZEICHNUNGEN

129 H. Ἰωάννου ⟨γραμματικοῦ⟩¹ Ἀλεξανδρέως τοῦ Φιλοπόνου²
περὶ τῆς τοῦ ἀστρολάβου χρήσεως καὶ κατασκευῆς³ καὶ
τῶν ἐν αὐτῷ καταγεγραμμένων, [δηλαδὴ]⁴ τί ἕκαστον
σημαίνει.

1. ⟨Προοίμιον⟩⁵ 5

1. Τὴν ἐν τῷ ἀστρολάβῳ τῆς ἐπιφανείας τῆς σφαίρας ἐξάπλω-
σιν, καὶ τῶν ἐν αὐτῷ καταγεγραμμένων τὰς αἰτίας, τήν τε χρείαν
αὐτοῦ εἰς πόσα τε καὶ ποῖα καθέστηκε χρήσιμος, ὡς ἂν οἷός τε ὦ
σαφῶς ἐκθεῖναι πειράσομαι, ἤδη μὲν ἱκανῶς Ἀμμωνίῳ τῷ φιλοσο-
φωτάτῳ⁶ ἡμῶν διδασκάλῳ ἐσπουδασμένην,⁷ πλείονος δὲ ὅμως 10
δεομένην σαφηνείας, ὡς ἂν καὶ τοῖς μὴ ταῦτα πεπαιδευμένοις
εὔληπτος γένοιτο. 2. τοῦτο γάρ με ποιεῖν τῶν συνήθων προὔτρε-
ψάν τινες. πρῶτον δέ, τί τῶν ἐν αὐτῷ καταγεγραμμένων ἐστὶν
ἕκαστον, ἐροῦμεν.

2. Περὶ τῆς ἐν τῷ ἐπιπέδῳ καταγραφῆς, ἐν ᾧ ἡ δίοπτρα κεῖται, 15
καὶ τίνος ἕκαστον τῶν ἐν τούτῳ καταγεγραμμένων ἐστὶ
δηλωτικόν.

1. Αἱ μὲν οὖν ἐν τῷ ἐπιπέδῳ, ἐν ᾧ ἡ δίοπτρα κεῖται, δύο εὐθεῖαι
κατὰ τὸ μέσον ἀλλήλας τέμνουσαι τῷ μεσημβρινῷ καὶ ὁρίζοντι
ἀναλογοῦσιν, ὧν⁸ ἡ μὲν ἄνωθεν ἀπὸ τοῦ κρίκου κατιοῦσα, δι' οὗ 20
τὸ ὄργανον ἀρτῶμεν, ἀναλογεῖ τῷ καθ' ἕκαστα κλίμα μεσημβρινῷ, ἡ δὲ ἑτέρα, ἡ ταύτην διχοτομοῦσα πρὸς ὀρθάς, τῷ ὁρίζοντι

---

1 add. D m. sec. ,F | 2 Φιλοπόνου om. F, del. D | 3 καὶ κατασκευῆς om. DF
4 om. DF | 5 add. C, F in marg. | 6 sic BCDF: Ἀμμωνίῳ φιλοσόφῳ τῷ Hase
sec. A | 7 τὴν περὶ τούτου πραγματείαν add. F, D m.pr. | 8 τῷ μεσημβρινῷ
... ὧν om. CDF, in marg. add. D m. sec.

Das Astrolabium des Philoponos

Johannes Philoponos ⟨Grammatikos⟩ von Alexandrien: Über die Anwendung des Astrolabs und seine Anfertigung sowie die Bedeutung der darauf befindlichen Einzeichnungen

1. ⟨Einleitung⟩

1. Ich will versuchen, soweit ich dazu im Stande bin, die auf dem Astrolabium veranschaulichte Planprojektion der Kugeloberfläche ⟨der Himmelskugel⟩ sowie die Bedeutung der darauf befindlichen Einzeichnungen und seine Handhabung im Hinblick auf verschiedenartige Anwendungen deutlich zu erklären. Zwar ist dies bereits von Ammonios, unserem hochgelehrten Lehrer,[1] hinlänglich besorgt worden; dennoch bedarf es noch weiterer Erklärung, damit es auch denjenigen, die weniger mit der Sache vertraut sind, verständlich wird. **2.** Dies zu unternehmen haben mich einige Bekannte bewogen. Zunächst wollen wir von den Einzelheiten reden, die auf dem Astrolab eingezeichnet sind.

[2–4: Beschreibung des Instrumentes]

2. Über die Einzeichnungen auf der Seite, auf welcher das Diopter liegt, und die Bedeutung der darauf befindlichen Eintragungen

1. Die beiden Geraden nun auf der Seite, auf welcher das Diopter liegt, die einander in der Mitte schneiden, entsprechen dem Meridian und dem Horizont: Die von oben – vom Ring her, an welchem wir das Instrument aufhängen – herabkommende ⟨Gerade⟩ entspricht dem Meridian für das jeweilige Klima, die andere ⟨Gerade⟩, welche die erste rechtwinklig halbiert, entspricht

---

[1] Gemeint ist der alexandrinische Platoniker und Aristoteles-Kommentator Ammonios, Sohn des Hermeias (gest. um 520 n.Chr.), Schulhaupt der Platonischen Schule von Alexandria und Lehrer des Joh. Philoponos und des Simplikios.

ἀναλογεῖ. 2. ἐπὶ δὲ ταύτης τῆς τῷ ὁρίζοντι ἀναλογούσης ἡμικύκλιον ἕστηκε, διάμετρον ἔχον αὐ|τὴν ταύτην τὴν γραμμήν· ὅπερ ἀναλογεῖ τῷ ὑπὲρ γῆν ἡμισφαιρίῳ[9] τοῦ οὐρανοῦ. τοῦτο δὲ τὸ ἡμικύκλιον δίχα τέμνει ἡ ἑτέρα τῶν γραμμῶν, ἡ ἀπὸ τοῦ κρίκου κατιοῦσα, ἣν ἔφαμεν τῷ μεσημβρινῷ ἀναλογεῖν. ἡ δὲ τομή ἐστι κατὰ τὸ ἄνω πέρας[10] τῆς γραμμῆς, τὸ πρὸς τῷ κρίκῳ. 3. ἑκάτερον δὲ τῶν παρ' ἑκάτερα τεταρτημορίων διῄρηται εἰς ἐνενήκοντα μοίρας, ἐφ' ὧν τὸ τῆς διόπτρας πίπτει μοιρογνωμόνιον,[11] δι' οὗ[12] κρίνομεν τὸ τοῦ ἡλίου ἢ ἄλλου τινὸς ἀστέρος ἀπὸ τοῦ ὁρίζοντος ἔξαρμα, πόσας μοίρας καθ' ἑκάστην ὥραν ὑπερῆρται τοῦ ἀνατολικοῦ ὁρίζοντος ἢ τοῦ δυτικοῦ. 4. σημαίνει δὲ ἡ μὲν ἐνενηκοστὴ μοῖρα τὸ κατὰ κορυφὴν ἐφ' ἑκάστης οἰκήσεως σημεῖον, ἡ δὲ πρώτη τὰ πρὸς αὐτῷ ὁρίζοντι, ἢ τὸ ἀνατολικόν, ἢ τὸ δυτικόν, ὡς ἡ τοῦ ὀργάνου χρῆσις προϊόντας ἡμᾶς διδάξει. 5. οὐ μὴν πᾶσι δὲ τοῖς ἀστρολάβοις ἑκάτερον τῶν δύο τεταρτημορίων εἰς τὰς ἐνενήκοντα διῄρηται μοίρας, ἀλλὰ τὸ ἕτερον μόνον.[13] ἀρκεῖ γὰρ μόνον τὸ ἕτερον, ὅπερ ἂν τύχῃ, πρὸς τὸ διοπτεύειν. δι' ἑκατέρου γάρ ἐστι γνῶναι πόσον ἢ ἐκ τοῦ δυτικοῦ ἢ ἐκ τοῦ ἀνατολικοῦ ὁρίζοντος ἐξῆρται ὁ ἥλιος ἢ ἕτερός τις ἀστήρ.[14] ἀλλ' ἵνα ἔχωμεν ῥᾳδίως ἀρτῶντες ἑκατέρᾳ χειρὶ τὸ ὄργανον διοπτεύειν, τούτου χάριν ἔν τισιν ἀμφότερα τὰ τεταρτημόρια καταγέγραπται.[15]

3. Περὶ τῆς ἐν τοῖς τυμπάνοις καταγραφῆς, ἐν οἷς τὰ κλίματα καταγέγραπται, καὶ τίνι τῶν καταγεγραμμένων ἕκαστον ἀναλογεῖ καὶ πόσων ἐστὶ μοιρῶν ἡ τοῦ ζῳδιακοῦ λόξωσις.

1. Ἡ μὲν οὖν τοῦ ἐπιπέδου, ἐν ᾧ ἡ δίοπτρα κεῖται, καταγραφὴ τοῦτον διατέτακται τὸν τρόπον. ἡ δὲ τῶν τυμπάνων, ἐν οἷς τὰ κλίματα καταγέγραπται, οὕτως ἔχει. 2. ἐν ἑκάστῳ μὲν οὖν ἐπιπέδῳ τυμπάνου δύο πάλιν εὐθεῖαί εἰσιν ὁμοίως | ἀλλήλας τέμνουσαι, ὧν ἡ μὲν ἑτέρα, ὡς ἀπὸ τοῦ κρίκου ἐπὶ τὸ κάτω διήκουσα, πάλιν τῷ μεσημβρινῷ ἀναλογεῖ, ἡ δὲ λοιπὴ τῷ

---

9 sic CF: ἡμισφαιρείῳ ABD | 10 μέρος F | 11 ἐφ' ὧν ... μοιρογνωμόνιον glossema esse iudicans del. Tannery | 12 sic corr. anon. Bon: δι' ὧν codd. 13 sic CDF, Huet.: μόνον om. Hase | 14 ἢ ἕτερός τις ἀστήρ om. CDF, in marg. add. D m. sec. | 15 διῄρηται D m. pr.

dem Horizont. 2. Über dieser dem Horizont entsprechenden Linie erhebt sich ein Halbkreis, der eben diese Linie zum Durchmesser hat; er entspricht der über der Erde liegenden Halbkugel des Himmels. Diesen Halbkreis halbiert die andere Linie, die vom ⟨Halte-⟩Ring herabkommt, welche – wie gesagt – dem Meridian entspricht. Sein Schnittpunkt ⟨mit dem Halbkreis⟩ ist am oberen Ende der Linie, beim ⟨Halte-⟩Ring. 3. Die beiden so beidseitig gebildeten Quadranten sind in 90 Grade eingeteilt, auf welche der Gradzeiger des Diopters zu liegen kommt, mit welchem wir die Höhe über dem Horizont der Sonne oder eines anderen Gestirns ermitteln, nämlich um wie viele Grade sie sich zu jeder Stunde über den östlichen oder westlichen Horizont erhoben hat. 4. Dabei bezeichnet der 90. Grad die Zenitmarke des jeweiligen Beobachtungsortes, der 1. Grad die Horizontregion, sei es die östliche oder die westliche, wie sich bei der weiteren Erklärung der Anwendung des Instrumentes zeigen wird. 5. Allerdings ist nicht auf allen Astrolabien auf beiden Quadranten eine 90-Grad-Einteilung angebracht, sondern nur auf einem. Es genügt nämlich eine von beiden, welche es auch gerade ist, zum Visieren; denn durch beide kann man ermitteln, wie hoch sich die Sonne oder ein anderes Gestirn über den östlichen oder westlichen Horizont erhoben hat. Aber damit wir mit jeder Hand das Instrument haltend das Visieren leichter haben, ist bei manchen Astrolabien auf beiden Quadranten ⟨die 90-Grad-Einteilung⟩ angebracht.

3. Über die Einzeichnungen auf den Tympana, auf denen die Klimata verzeichnet sind, und wem die einzelnen Einzeichnungen entsprechen und wie viele Grade die Schiefe der Ekliptik umfasst

1. Die Einzeichnungen auf der Seite, auf welcher das Diopter liegt, sind also auf diese Weise angeordnet; diejenigen aber auf der Seite der Tympana/der Einlagescheiben, auf welchen die einzelnen Klimata angezeigt sind, verhalten sich folgendermassen: **2.** Auf jeder Tympanonfläche sind wiederum zwei Geraden, die einander in gleicher Weise schneiden: die eine, die vom ⟨Halte-⟩ Ring nach unten verläuft, entspricht wiederum dem Meridian, die

ὁρίζοντι. αἱ αὐταὶ γάρ εἰσι ταῖς ἐν τῷ ἀντικειμένῳ μέρει, ἐν ᾧ ἡ διόπτρα κεῖται. διὸ καὶ ὁμοταγῶς αὐτὰς ἐκείναις ἐφαρμόζειν δεήσει. 3. εἰσὶ δὲ καὶ κύκλοι καταγεγραμμένοι ἐπὶ τὸ ἄνω μέρος τοῦ τυμπάνου, τὸ πρὸς τῷ ἀρτήματι, ἐν μὲν τοῖς μονομοιριαίοις ἀστρολάβοις ἐνενήκοντα, ἐν δὲ τοῖς διμοιριαίοις πέντε καὶ τεσσα- 5
ράκοντα, ὥσπερ οὖν ἐν τοῖς τριμοιριαίοις τριάκοντα, ἢ ὡς ἂν τοῖς καταγράφουσι δοκοίη. 4. τούτων ὁ μὲν ἔξωθεν καὶ μείζων ἀναλογεῖ τῷ ὁρίζοντι, καί, εἴγε ἦν δυνατὸν ἐκτεῖναι τὸν κύκλον, ἐφήρμοζεν ἂν τῇ τεμνούσῃ τὸν μεσημβρινὸν εὐθείᾳ· ἐπεὶ οὖν τοῦτο ἀδύνατον, εἰκότως λοιπόν, ὅσον αὐτοῦ κυρτουμένου κατὰ τὸ μέσον 10
τῆς εὐθείας ὑποπίπτει διάστημα, τοσοῦτον ἑκατέρωθεν τῶν ἄκρων αὐτῆς ὑπερήρτηται. 5. ἀλλ' ἡ μὲν εὐθεῖα ὡς ἐν ἐπιπέδῳ διορίζει τὸ ὑπὲρ γῆν ἡμισφαίριον τοῦ ὑπὸ γῆν, ὁ δὲ κύκλος ὡς ἐν σφαίρᾳ.
6. Οἱ δὲ ἐντός τε καὶ περιεχόμενοι κύκλοι παράλληλοί εἰσι τῷ ὁρίζοντι, διεστῶτες ἀλλήλων ἀπ' αὐτοῦ τοῦ ὁρίζοντος ἐπὶ τὸν ἄνω 15
καὶ ἀναλογοῦντα τῷ ὑπὲρ γῆν, ἐν μὲν τοῖς μονομοιριαίοις ἀστρολάβοις μοίρᾳ μιᾷ, ἐν δὲ τοῖς διμοιριαίοις καὶ τριμοιριαίοις, δυσὶν[16] ἢ τρισίν, ὥστε τέμνεσθαι ὑπ' αὐτῶν τὸ ὑπὲρ γῆν ἡμισφαίριον στεφανοειδῶς, οἵαν ἔχουσι θέσιν οἱ παράλληλοι κύκλοι ἐν τῇ μυλοειδεῖ[17] τοῦ παντὸς θέσει· 7. ἔνθεν ἀεὶ οἱ ἐντὸς καὶ τοῦ ὁρίζον- 20
τος ὑψηλότεροι σμικρότεροί εἰσιν ἐξ ἀνάγκης, ἅτε δὴ ἐλάττονα τοῦ ὑπὲρ γῆν ἡμισφαιρίου περιφέρειαν ἀποτεμνόμενοι.
8. Γράφονται δὲ ἐν τῇ σφαίρᾳ οἱ εἰρημένοι κύκλοι, οἷς ἀναλογοῦσιν οἱ ἐν τῷ ὀργάνῳ, κέντρῳ μὲν τῷ καθ' ἑκάστην οἴκησιν κατὰ κορυφὴν σημείῳ, διαστήματι δέ, ὁ μὲν ὁρίζων τῷ ἀπὸ τοῦ 25
κατὰ κορυφὴν διήκοντι ἐπὶ τὸ πέρας[18] τῆς τοῦ παντὸς διαμέτρου,

---

16 sic C: δύο Hase, D, β̄ F | **17** σφαιροειδῆ D m. sec. in marg. | **18** sic C: περὶ cett., Hase

andere dem Horizont; es sind nämlich dieselben Linien wie auf der Rückseite, auf der das Diopter liegt; deshalb muss man sie jenen genau anpassen. 3. Es sind aber auch Kreise eingetragen auf dem oberen, zum Aufhänger hin gerichteten Teil des
5 Tympanons, auf den eingradteiligen Astrolabien 90, auf den zweigradteiligen 45, und entsprechend auf den dreigradteiligen 30, oder wie es den Herstellern etwa beliebt. 4. Der äusserste und grösste dieser Kreise entspricht dem Horizont, und, wenn es möglich wäre ihn auszustrecken, würde er mit der den Meridian
10 schneidenden Geraden zusammenfallen; da dies aber nicht möglich ist, steigen natürlich seine Enden beiderseits soviel über die Gerade hinauf, wie die Krümmung des Kreises in der Mitte unter die Gerade abfällt. 5. Wie nun aber die Gerade auf der Ebene die Halbkugel unter der Erde von derjenigen oberhalb der
15 Erde abgrenzt, so tut dies der Kreis auf der Kugel.[2]

6. Die innerhalb des ⟨Horizontkreises⟩ gelegenen und von diesem umgebenen Kreise sind die Parallelkreise zum Horizont, in folgendem Abstand voneinander vom Horizont selbst nach der oberen Hälfte, welche dem Teil über der Erde entspricht: bei den
20 eingradteiligen Astrolabien im Abstand von 1 Grad, bei den zweigradteiligen oder dreigradteiligen im Abstand von 2 oder 3 Graden, so dass von ihnen die Halbkugel über der Erde kranzförmig unterteilt wird, so wie die Parallelkreise angeordnet sind in der mühlenförmigen Lage des Alls.[3] 7. Daher sind zwangsläufig
25 die höheren Parallelkreise innerhalb des Horizontes kleiner, weil sie einen kleineren Ausschnitt der Halbkugel über der Erde umfassen.

8. Auf der Kugel werden die genannten Kreise, denen diejenigen auf dem Instrument entsprechen, um das Zentrum gezeichnet,
30 das dem jeweiligen Zenit des Beobachtungsortes entspricht, und zwar mit folgenden Radien: der Horizontkreis mit dem Radius

---

2 Gemeint ist, dass der Horizont sowohl als Gerade (wie auf der Diopterseite) wie auch als Kreis (bei der Kugelprojektion) erscheint.
3 Der hier – nicht ganz passend – aufgegriffene Vergleich *myloeides* (= mühlenförmig) knüpft an eine bei den Vorsokratikern belegte Vorstellung an, der gemäss sich das All ‚mühlenförmig' (*myloeidōs*) um die Himmelsachse dreht (vgl. VS 13 A 12).

132 H. οἱ δὲ ἑξῆς ἀεὶ τῷ διαστήματι τούτου προσαφαιρούντων ἡμῶν[19] ἢ μίαν μοῖραν, ὡς | ἐπὶ τῶν μονομοιριαίων ἀστρολάβων, ἢ δύο ἢ τρεῖς, ὡς ἐπὶ τῶν διμοιριαίων ἢ τριμοιριαίων. 9. δῆλον δὲ ὅτι ἐνενήκοντα μοιρῶν ὄντος τούτου τοῦ διαστήματος, τεταρτημορίου γὰρ περιφέρειαν ἔχει μόνην,[20] μέχρι τοσούτου γίνεται ἡ ἀφαίρεσις, ἄχρις οὗ τὸ διάστημα ἢ μοιριαῖον ἀπὸ τοῦ κατὰ κορυφὴν γένηται, ὡς ἐπὶ τῶν μονομοιριαίων, ἢ δύο ἢ πλειόνων, ὡς ἐπὶ τῶν λοιπῶν. 10. τὸ μὲν οὖν μεταξὺ σημεῖον τῶν κύκλων, ἐν ᾧ ἐπιγέγραπται ἡ ἐνενηκοστὴ μοῖρα, ἀναλογεῖ τῷ κατὰ κορυφὴν ἑκάστης οἰκήσεως, ὥστε τὸ σημεῖον τοῦτο τὸ αὐτὸ δύνασθαι τῷ πρὸς τῷ πέρατι τῷ ἄνω τῆς γραμμῆς τῆς ἐν τῷ ἑτέρῳ τυμπάνῳ, ἐν ᾧ ἡ δίοπτρα κεῖται, τῷ πρὸς αὐτῷ τῷ ἀρτήματι. ἑκατέρῳ γὰρ ὁ αὐτὸς ἀριθμὸς ὁ τῶν ϙ̄ μοιρῶν ἐπίκειται. 11. Τούτους δὲ τοὺς κύκλους ὁ μεσημβρινὸς δίχα τέμνει, ᾧτινι τὴν γραμμὴν ἀναλογεῖν ἔφαμεν τὴν ἀπὸ τοῦ κρίκου, δι' αὐτῶν τῶν κύκλων κατιοῦσαν, ὡς εἶναι τὰ μὲν ἀριστερὰ ἡμικύκλια, ἀντιπροσώπως ἡμῖν τοῦ ὀργάνου κειμένου, τὰ ἀνατολικά, οἷς καὶ ἀνατολὴ ἐπιγέγραπται, ὧν ἅπτεται ὁ ἥλιος ἢ τῶν ἀστέρων[21] ἕκαστος ἀπὸ ἀνατολῆς ἕως μεσημβρίας κινούμενος, ἄλλοτε ἄλλος·[22] τὰ δὲ δεξιὰ δυτικά, οἷς πάλιν ἐπιγέγραπται δύσις, ὧν ἀπὸ μεσημβρίας ἕως δύσεως φερόμενος ἅπτεται. 12. δῆλον δὲ ὅτι διὰ τὴν τοῦ ὀργάνου βραχύτητα οὐ πάντες εἰσὶν οἱ κύκλοι τέλειοι, ἀλλ' οἱ ἔξωθεν καὶ μείζονες καὶ τῆς περιμέτρου τοῦ τυμπάνου ὑπερεκπίπτοντες ἡμιτελεῖς. 13. ἐπίκειται δὲ καὶ τοῖς κύκλοις ὁ ἀριθμὸς αὐτῶν ἀπὸ πρώτου μέχρις ἐνενηκοστοῦ. τοσούτων γάρ ἐστι μοιρῶν, ὡς εἶπον,[23] τὸ ἀπὸ τοῦ ὁρίζοντος μέχρι τοῦ κατὰ κορυφὴν διάστημα.

---

19 ἡμῶν om. C | **20** μόνην om. BCF, del. D m. sec. | **21** sic CDF, Tan.: ἰχθύων Hase, ἀπλάνων anon. Bon. | **22** sic A, Tan.: ἄλλου C, anon. Bon., ἄλλως BD | **23** ἔφην Hase sec. AB

vom Zenit bis zum Ende des Durchmessers des Alls, bei den folgenden Kreisen immer 1 Grad weniger bei den eingradteiligen Astrolabien, bzw. zwei oder drei Grad weniger bei den zwei- oder dreigradteiligen Astrolabien.[4] **9.** Da aber der ⟨Horizontabstand⟩ 90 Grade beträgt – umfasst er doch nur die Peripherie eines Quadranten –, ist es klar, dass die Radien der übrigen Kreise bis zum Zenit abnehmen, und zwar um 1 Grad bei den eingradteiligen ⟨Astrolabien⟩, oder um zwei oder mehr Grade bei den übrigen.[5] **10.** Der Punkt in der Mitte der Kreise aber, bei welchem die 90-Grad-Marke steht, entspricht dem Zenit des jeweiligen Beobachtungsortes, so dass der Punkt dieselbe Bedeutung hat wie auf der anderen Seite, auf welcher das Diopter liegt, der Punkt am oberen Ende der Linie beim Aufhänger. Denn bei beiden ist die Ziffer 90 eingetragen. **11.** Diese Kreise halbiert der Meridian, dem – wie gesagt – die Linie entspricht, die vom ⟨Halte-⟩Ring her durch diese Kreise herabgeht, so dass – liegt das Instrument vor den Augen – die linken Halbkreise die östlichen sind, wo auch die Aufschrift ‚Osten/Aufgang' steht. Diese berührt die Sonne oder jeder Fixstern, wenn sie sich, jeder auf seiner Bahn, vom Aufgang zur Mittagshöhe bewegen. Die Halbkreise zur Rechten dagegen sind die westlichen, wo umgekehrt die Aufschrift ‚Westen/Untergang' steht; diese berühren ⟨die Sonne bzw. die Fixsterne⟩, wenn sie sich von der Mittagshöhe zum Untergang bewegen. **12.** Es ist klar, dass wegen des beschränkten Umfangs des Instrumentes nicht alle Kreise vollständig abgebildet sind, sondern die äusseren und grösseren, die über den Umfang der Scheibe hinausgehen, unvollständig sind. **13.** Bei den Kreisen steht jeweils die entsprechende Zahlziffer von 1 bis 90; so viele Grade beträgt nämlich – wie gesagt – der Abstand vom Horizont bis zum Zenit.

---

4   In der nicht in allen Teilen klaren Formulierung überlagern sich Aussagen, die sich auf die Kugel bzw. Diopterseite beziehen und solche, die zur Planprojektion auf dem Tympanon passen.

5   Nicht zum Ausdruck kommt hier, dass auf dem Tympanon diese Höhenkreise zwar ineinander liegen, aber nicht konzentrisch sind, sondern ein Zentrum haben, das sich mit zunehmender Höhe dem Zenitpunkt nähert (vgl. die Abb. 4a und 4b S. 78/79).

14. Ἔτι δὲ καὶ τοῦτο γινέσθω δῆλον, ὡς ἡ ἀρχὴ τῆς ἀπαριθμήσεως ἀπὸ τοῦ ὁρίζοντος γίνεται, τῶν αὐτῶν ἀριθμῶν ἐγγεγραμμένων καθ' ἑκάτερον αὐτῶν ἡμικύκλιον, τό τε ἀνατολικὸν καὶ τὸ δυτικόν, ὡς ἐπὶ τῶν ἔξωθεν καὶ ἡμιτελῶν· ἐπὶ γὰρ τῶν ἐντὸς καὶ τελείων | κατὰ τὴν τοῦ μεσημβρινοῦ γραμμὴν ὁ ἀριθμὸς τῶν κύκλων τέτακται.²⁴ **15.** σαφὲς δὲ οἶμαι, ὡς ἐπὶ τῶν διμοιριαίων καὶ τριμοιριαίων ἀστρολάβων τὸ μεταξὺ τῶν κύκλων διάστημα τέμνεται εἰς τοὺς παραλελειμμένους.

16. Οὗτοι δὲ οἱ κύκλοι τὸ αὐτὸ δύνανται ταῖς ἐν τῷ τεταρτημορίῳ τοῦ ἐπιπέδου, ἐν ᾧ ἡ δίοπτρα κεῖται, γεγραμμέναις μοίραις, περὶ ὧν τὴν ἀρχὴν διειλήφαμεν. **17.** τὸ μὲν οὖν ἡμικύκλιον τοῦ τυμπάνου, ἐν ᾧ οἱ εἰρημένοι κύκλοι κατεγράφησαν,²⁵ ἀναλογεῖ τῷ ὑπὲρ γῆν ἡμισφαιρίῳ, τὸ δὲ λοιπὸν τῷ ὑπὸ γῆν· ὅπερ διήρηται εἰς ιβ τμήματα κατὰ τὸν τῶν ιβ ὡρῶν ἀριθμόν, ἃς ἐν ἑκατέρῳ ἡμισφαιρίῳ, τῷ τε ὑπὲρ γῆν καὶ τῷ ὑπὸ γῆν, γινόμενος ὁ ἥλιος ποιεῖται. **18.** ἐπίκειται δὲ καὶ ταῖς γραμμαῖς ταύταις ὁ τῶν ὡρῶν ἀριθμός, τῆς πρώτης ὥρας ἀπὸ τοῦ δυτικοῦ μέρους ἀρχομένης, δι' ἣν ἐροῦμεν προϊόντες αἰτίαν.

19. Ἔτι δὲ καὶ ἕτεροι τρεῖς κύκλοι εἰσὶ καταγεγραμμένοι ἐπὶ τῶν εἰρημένων²⁶ παραλλήλων κύκλων, τέμνοντες αὐτοὺς μέν, ἀλλήλους δὲ περιέχοντες. ὧν ὁ μὲν ἐντὸς τῷ θερινῷ τροπικῷ ἀναλογεῖ. περιαγομένης μὲν οὖν τῆς ἀράχνης ὄψει τὴν πρώτην μοῖραν τοῦ καρκίνου, ἐν ᾧ τὴν θερινὴν τροπὴν ποιεῖται ὁ ἥλιος, τὸν κύκλον τοῦτον γράφουσαν. **20.** ὅθεν μεῖζον μέν ἐστιν αὐτοῦ τὸ ὑπὲρ γῆν μέρος· τοῦτο δέ ἐστι τὸ διὰ τῶν παραλλήλων κύκλων φερόμενον· ἔλαττον δὲ τὸ ὑπὸ γῆν, τουτέστι τὸ διὰ τοῦ λοιποῦ μέρους τοῦ τυμπάνου, ἐν ᾧ αἱ ὡριαῖαι γραμμαὶ τετυπωμέναι εἰσίν, ὅπερ καὶ ἀναλογεῖ τῷ ὑπὸ γῆν, ὡς εἰρήκαμεν, ἡμισφαιρίῳ. **21.** ὁ δὲ τούτου δεύτερος καὶ προσεχῶς περιέχων αὐτὸν κύκλος τῷ ἰσημερινῷ ἐστιν ἀνάλογος· ὅθεν τὰ δύο ἰσημερινὰ σημεῖα, ἥ τε τοῦ κριοῦ ἀρχὴ καὶ ἡ τοῦ ζυγοῦ, τοῦτον διέρχονται, καί ἐστιν αὐτοῦ ἀμφότερα τὰ ἡμικύκλια ἴσα, τό τε διὰ τῶν παραλλήλων γεγραμμένον, ὅπερ ἐστὶ τὸ ὑπὲρ γῆν, καὶ τὸ διὰ τῶν ὡριαίων γραμμῶν,

---

24 τέμνεται C, D m. pr. | 25 sic CDF, Huet.: κατεγράφθησαν cett. | 26 εἰρημένων om. CF

14. Auch das soll klargestellt sein, dass die Zählung beim Horizont beginnt. Dabei sind bei den äusseren und unvollständigen Kreisen dieselben Zahlen bei beiden Halbkreisen, den östlichen und den westlichen, eingetragen; bei den inneren und vollständigen ist die Gradzählung auf der Meridianlinie angebracht. **15.** Ich halte es für klar, dass bei den zweigradteiligen und dreigradteiligen Astrolabien die Zwischenräume zwischen den Kreisen entsprechend den weggelassenen unterteilt werden. **16.** Diese Kreise haben dieselbe Bedeutung wie die auf dem Quadranten auf der Rückseite, auf der das Diopter liegt, eingetragenen Grade, von denen wir eingangs gesprochen haben.[6] **17.** Der Halbkreis auf dem Tympanon, auf welchem die genannten Kreise eingetragen sind, entspricht der Halbkugel über der Erde, der andere dem Teil unter der Erde; dieser ⟨letztere⟩ ist in 12 Abschnitte unterteilt, was der Zahl von 12 Stunden entspricht, welche die Sonne bei ihrem Lauf auf jeder der beiden Halbkugeln über und unter der Erde durchmisst. **18.** Auch bei diesen Linien ist die Zahl der Stunden hingeschrieben, wobei die erste Stunde vom Westen her gezählt wird; weshalb das so ist, werden wir weiter unten erklären.

19. Es sind noch drei weitere Kreise zusätzlich zu den genannten Parallelkreisen eingetragen, welche diese schneiden, einander aber umfassen: Der innere von ihnen entspricht dem Sommerwendekreis. Dreht man nämlich die Arachne, wirst du feststellen, dass der 1. Grad des Krebses, bei dem die Sonne die Sommerwende eintreten lässt, diesen Kreis beschreibt. **20.** Daher ist sein Teil über der Erde grösser, d.h. der Teil, der durch die Parallelkreise geht; kleiner dagegen ist der Teil unter der Erde, d.h. der Teil, der durch den übrigen Teil der Scheibe geht, auf welchem die Stundenlinien eingetragen sind, der – wie gesagt – der Halbkugel unter der Erde entspricht. **21.** Der zweite, dem ersten Kreis folgende und diesen umschliessende Kreis entspricht dem Äquator. Daher gehen ⟨beim Drehen der Arachne⟩ die zwei Äquinoktialpunkte, der Anfang des Widders und der Anfang der Waage, durch diesen Kreis, und seine beiden Halbkreise sind gleich, der Teil, der durch die Parallelkreise gezeichnet ist, d.h. der Teil über

---

6 Vgl. oben 2,3.

ὅπερ τὸ ὑπὸ γῆν δηλοῖ. 22. τούτων τῶν δύο κύκλων τὰ ὑπὸ γῆν μόνα εἰσὶν ἔν τισι τῶν ὀργάνων τετυπωμένα ἡμικύκλια, νοοῦνται δὲ | τὰ λοιπά, διὰ τῶν παραλλήλων ὀφείλοντα φέρεσθαι, διὰ τὸ μὴ τὰς καταγραφὰς τῶν παραλλήλων ὑπὸ τούτων τέμνεσθαι. 23. ὁ δὲ τρίτος καὶ ἀμφοτέρους περιέχων τῷ χειμερινῷ τροπικῷ σύστοιχός ἐστιν·²⁷ ὅθεν ἡ τοῦ αἰγοκέρωτος²⁸ ἀρχή, καθ' ἣν ἡ χειμερινὴ τροπὴ γίνεται, τοῦτον διέρχεται, καὶ διὰ τοῦτο τὸ μὲν ὑπὲρ γῆν τοῦ κύκλου τούτου μόριον, τουτέστι τὸ διὰ τῶν παραλλήλων γεγραμμένον, ἔλαττόν ἐστι, τὸ δὲ ὑπὸ γῆν, τὸ διὰ τῶν ὡριαίων δηλονότι γραμμῶν, μεῖζον [τῶν τριῶν κύκλων]²⁹. 24. τούτων δὲ τῶν τριῶν κύκλων, τοῦ θερινοῦ τροπικοῦ φημὶ καὶ ἰσημερινοῦ καὶ χειμερινοῦ ⟨τροπικοῦ⟩,³⁰ ὁ πρῶτος τῶν παραλλήλων διορίζει τὸ ὑπὲρ γῆν ἑκάστου τμῆμα καὶ τὸ ὑπὸ γῆν, ἐπειδήπερ καὶ ἀναλογεῖν αὐτὸν ἔφαμεν τῷ ὁρίζοντι.

25. [Ἀπὸ τοῦ τροπικοῦ χειμερινοῦ ἕως τοῦ θερινοῦ τροπικοῦ ἐστὶ τὸ πλάτος τοῦ ζωδιακοῦ μοιρῶν μζ, λεπτὰ πρῶτα μη καὶ δεύτερα μ.]³¹ ἔστι δὲ τὸ ἀπὸ τοῦ χειμερινοῦ τροπικοῦ μέχρι τοῦ θερινοῦ διάστημα μοιρῶν³² μη, ὡς ἐκ τῆς τῶν παραλλήλων ἐπιγραφῆς ἔστι γνῶναι. ἀφέστηκε γὰρ ἐπὶ μὲν τὰ βόρεια τοῦ ἰσημερινοῦ ὁ θερινὸς μοίρας κδ, ἐπὶ δὲ τὰ νότια ὁ χειμερινὸς ἑτέρας μοίρας κδ. 26. τὴν γὰρ ἀράχνην ἁρμώσας ἐφ'ὁτῳοῦν τῶν κλιμάτων καὶ σημειωσάμενος τὸν παράλληλον, οὗ ἡ τοῦ αἰγοκέρωτος κατὰ τὸν μεσημβρινὸν ἅπτεται ἀρχή, καὶ πάλιν δεύτερον, οὗ ἡ τοῦ κριοῦ καὶ ἡ τοῦ ζυγοῦ³³ ἅπτονται ἀρχαί, καὶ τρίτον, οὗ ἡ τοῦ καρκίνου ἅπτεται ἀρχή, καὶ ἀριθμήσας τοὺς μεταξὺ παραλλήλους, εὑρήσεις ἀπὸ μὲν αἰγοκέρωτος ἕως κριοῦ καὶ ζυγοῦ παραλλήλους κδ, ἀπὸ δὲ κριοῦ καὶ ζυγοῦ ἕως καρκίνου ἑτέρους κδ, ὡς εἶναι τὸ ἀπὸ αἰγοκέρωτος ἕως καρκίνου μοιρῶν μη· ὅπερ διάστημα ἡ τοῦ ζωδιακοῦ λόξωσις ἐπέχει.

---

27 σύστοιχός ἐστιν om. CF, del. D m. sec. | 28 αἰγοκέρως (gen. αἰγοκέρωτος) hic et infra scripsi: αἰγοκερέως (gen. αἰγοκέρω) Hase; signa zodiaci in mss. plerumque symbolis indicantur. | 29 om. CDF, del. Hase; in marg. add. D m. sec. | 30 τροπικοῦ add. DF | 31 ἀπὸ τοῦ τροπικοῦ ... δεύτερα μ om. CF, del. D m. sec. , Tan.; accuratiores eclipseos numeros ex Ptol. Synt. 1,15 add. glossator. | 32 sic C, D m. sec.: μοίρας D m. pr., Hase | 33 τῶν χηλῶν FD m. pr.

der Erde, sowie der Teil durch die Stundenlinien, welcher den Teil unter der Erde darstellt. **22.** Von diesen zwei Kreisen sind bei einigen Instrumenten nur die Teile unter der Erde ausgeführt, die übrigen, die durch die Parallelkreise gehen sollten, werden nur gedacht, damit die Zeichnung der Parallelkreise nicht von diesen geschnitten wird. **23.** Der dritte Kreis, der die beiden anderen umschliesst, entspricht dem Winterwendekreis. Daher geht der Anfang des Steinbocks, bei welchem die Wintersonnenwende eintritt, durch diesen Kreis, und daher ist bei diesem Kreis der Teil über der Erde, d.h. der durch die Parallelkreise gezeichnete Teil, kleiner, der Teil unter der Erde, nämlich der Teil durch die Stundenlinien, grösser. **24.** Bei diesen drei Kreisen, ich meine den Sommerwendekreis, den Äquator und den Winterwendekreis, grenzt der erste Parallelkreis, der ja – wie gesagt – dem Horizontkreis entspricht, den Abschnitt über der Erde von dem unter der Erde ab.

25. [Vom Winterwendekreis zum Sommerwendekreis beträgt die Breite 47° 42′ {Hss. irrtümlich 48′} 40″].[7] Der Abstand vom Winterwendekreis zum Sommerwendekreis beträgt 48°, wie aus der Beschriftung der Parallelkreise ersichtlich ist; denn der Abstand des Sommerwendekreises vom Äquator nach Norden beträgt 24°, derjenige des Winterwendekreises nach Süden weitere 24°. **26.** Wenn du nämlich die Arachne auf irgendeiner Klimascheibe bewegst und dir den Parallelkreis merkst, den der Anfang des Steinbocks beim Meridian berührt, und zweitens, wo die Anfänge des Widders und der Waage ⟨die Parallelkreise⟩ berühren, und drittens, wo der Anfang des Krebses ⟨den Parallelkreis⟩ berührt und du die dazwischen liegenden Parallelkreise zählst, wirst du feststellen, dass es vom Steinbock bis zum Widder bzw. zur Waage 24 Parallelkreise (bzw. Grade) sind, vom Widder und der Waage zum Krebs weitere 24, so dass es vom Widder bis zum Krebs 48 Grade sind. Dieser Abstand ⟨von 24°⟩ entspricht ja der Schiefe der Ekliptik.

---

[7] Der präzise Wert der Ekliptik (47° 42′ 40″ : 2 = 23° 51′ 20″) ist von einem Glossator aus Ptolemaios *Syntaxis* 1,15 nachgetragen; im Folgenden wird nur mit dem runden Wert von 24° gerechnet.

27. Ἐπιγέγραπται δὲ καὶ τὸ κλίμα, καθ' ὃ γέγονεν ἑκάστῳ ἐπιπέδῳ καταγραφή, καὶ ὅσων ἐστὶν ἡ μεγίστη ἡμέρα ἰσημερινῶν ὡρῶν ἐν ἐκείνῳ τῷ κλίματι, καὶ πόσας ἀφέστηκε μοίρας τὸ προκείμενον κλίμα | τοῦ ἰσημερινοῦ. τὰς αὐτὰς δηλονότι καὶ ὁ βόρειος πόλος ἐξῇρται τοῦ ὁρίζοντος, καὶ ὁ νότιος ὑπὸ γῆν ἀφέστηκε. δῆλον γάρ, ὅτι ὅσον ἀφέστηκεν ἑκάστη οἴκησις τοῦ ἰσημερινοῦ, τοσοῦτον καὶ ὁ βόρειος πόλος ἐξαίρεται τοῦ ὁρίζοντος, καὶ ὁ νότιος ὑπὸ γῆν γίνεται.

28. Ἔν τισι δὲ ἀστρολάβοις, καὶ μάλιστα ἐν τοῖς μονομοιριαίοις, καὶ αὐτὸ τὸ ἐπίπεδον, ἐν ᾧ ἡ δίοπτρα κεῖται, καθ' ἕν τι τῶν κλιμάτων ἐστὶ καταγεγραμμένον. τινῶν δὲ καὶ ἡ ἔξωθεν ἴτυς[34] εἰς τ̄ξ̄ διῄρηται μοίρας.

4. Περὶ τῶν ἐν τῇ ἀράχνῃ καταγεγραμμένων.

1. Περὶ μὲν οὖν τῶν τυμπάνων καὶ τί βούλεται τῶν ἐν αὐτοῖς καταγεγραμμένων ἕκαστον τοσαῦτα. ἡ δ' ἐπικειμένη τούτοις ἀράχνη τόν τε ζῳδιακὸν καὶ τινας τῶν ἀπλανῶν ἀστέρων τοὺς λαμπροτέρους ἔχει. 2. ὁ μὲν οὖν τέλειος ἐν αὐτῇ κύκλος καὶ τρίτος ἀρχομένων[35] ἔξωθεν ὁ ζῳδιακὸς τυγχάνει ὤν, οἱ δὲ λοιποὶ καὶ ἡμιτελεῖς τῶν ἀπλανῶν τινὰς περιέχουσιν ἀστέρας, περὶ ὧν κατὰ καιρὸν ἐροῦμεν. 3. ἐν δὲ τῷ ζῳδιακῷ καταγέγραπται τὰ ῑβ̄ ζῴδια, ἀπὸ κριοῦ [καὶ][36] μέχρις ἰχθύων. ἕκαστον δὲ τῶν ζῳδίων ἐν μὲν τοῖς μονομοιριαίοις ὀργάνοις διῄρηται εἰς λ̄ μοίρας, ἐν δὲ τοῖς διμοιριαίοις εἰς ῑε̄, καὶ δῆλον ὡς ἐν τοῖς τριμοιριαίοις εἰς ῑ, ὡς εἶχε καὶ ἡ τῶν παραλλήλων γραφή. 4. ἡ δὲ ἀρχὴ τῶν μοιρῶν ἑκάστου ζῳδίου ἐστὶ πρὸς τῷ μέρει καθ' ὃ γέγραπται τὸ πρῶτον τοῦ ζῳδίου στοιχεῖον, καὶ ἄλλως πρὸς τῷ μέρει, καθ' ὃ τὸ τέλος τοῦ ἡγουμένου αὐτοῦ ἐστιν ζῳδίου,[37] οἷον τοῦ κριοῦ ἡγούμενον ζῴδιόν

---

34 sic CDF, anon. Bon.: ἔξωθεν ἴτυος cett. | 35 sic C, Tan.: τρίτος ἀρχόμενος DF, ἀρχόμενος Hase sec. AB | 36 om. C, del. Hase | 37 sic F: καθ' ὃ τὸ ζῴδιον ἡγούμενον αὐτοῦ τοῦ ζῳδίου ἐστίν AB, Hase; καθ' ὃ τὸ ἡγούμενον αὐτοῦ ζῴδιον C, Tan.

27. Eingetragen ist ⟨auf dem Tympanon⟩ auch das Klima (d. i. die geographische Breite), für welche die Zeichnung auf der jeweiligen Einlagescheibe gemacht ist, und wie viele Äquinoktialstunden der längste Tag in jenem Klima ist und wie viele Grade das betreffende Klima vom Äquator entfernt ist;[8] denn so viele Grade erhebt sich nämlich auch der ⟨Himmels-⟩Nordpol über den Horizont und taucht der ⟨Himmels-⟩Südpol unter die Erde. Wie weit nämlich jeder Beobachtungsort vom Äquator entfernt ist, so weit erhebt sich der ⟨Himmels-⟩Nordpol über den Horizont und senkt sich der ⟨Himmels-⟩Südpol unter die Erde.

28. Bei einigen Astrolabien, und besonders bei den eingradteiligen, ist auch die Seite, auf der das Diopter liegt, mit dem jeweiligen Klima beschriftet, und der äussere Rand ist in 360 Grade unterteilt.

4. Über die Eintragungen auf der Arachne

1. Soviel also über die Tympana und die Bedeutung der darauf befindlichen Eintragungen. Die darüber liegende Arachne (Spinne) dagegen stellt den Zodiakos (d.i. der Tierkreis) und einige hellere Fixsterne dar. 2. Der vollständige Kreis auf ihr, der dritte von aussen gezählt, ist eben dieser Zodiakos, die übrigen nur unvollständigen Kreise[9] umfassen einige Fixsterne, über die wir zur gegebenen Zeit sprechen werden. 3. Auf dem Zodiakos sind die 12 Tierkreiszeichen eingetragen, vom Widder bis zu den Fischen. Jedes der Zeichen ist bei den eingradteiligen Instrumenten in 30 Grade unterteilt, bei den zweigradteiligen in 15 und bei den dreigradteiligen natürlich in 10, wie es sich auch bei der Zeichnung der Parallelkreise verhielt. 4. Der Beginn der Gradzählung liegt bei jedem Tierkreiszeichen beim ersten Buchstaben des Zeichens, oder anders gesagt, an der Stelle, an welcher das Ende des ihm vorangehenden Zeichens liegt, wie z.B. dem Widder die

---

[8] Basiert auf dem Verzeichnis der Parallelkreise und der ihnen zugeordneten Dauer des längsten Tages bei Ptolemaios, *Geographie* 1,23.

[9] Offenbar Kreissegmente, an denen die Sternspitzen angebracht sind: vgl. Abb. 5 S. 80.

ἐστι οἱ ἰχθύες. ἐκ τοῦ πρὸς τοῖς ἰχθύσιν[38] οὖν μέρους ἡ ἀρχὴ τοῦ κριοῦ,[39] καὶ οὕτως ἐπὶ πάντων. 5. τῶν δὲ γραμμῶν τῶν σημαντικῶν[40] τῶν μοιρῶν, τῶν μὲν διόλου τοῦ πλάτους τοῦ ζωδιακοῦ διηκουσῶν, τῶν δὲ μέχρι τῆς ἡμίσεος, ἡ ἀρχὴ ἑκάστου γίνεται ζωδίου ἀπὸ τῆς διόλου διηκούσης γραμμῆς. αὕτη γὰρ τέλος μέν ἐστι τοῦ ἡγουμένου ζωδίου, ἀρχὴ δὲ τοῦ ἑπομένου.

6. Ἡ μὲν οὖν τοῦ παντὸς ὀργάνου κατασκευὴ ἐστιν αὕτη. καιρὸς δὲ λοιπὸν καὶ τὰ περὶ τῆς χρήσεως αὐτοῦ διεξελθεῖν.

5. Περὶ τῆς ἡμερινῆς τοῦ ἡλίου διοπτείας, καὶ ὅπως ἂν αὐτὴν ἐμμεθόδως[41] μεταχειρισώμεθα.

1. Εἰ μὲν οὖν ἐν ἡμέρᾳ τὴν τοῦ ἡλίου διὰ τοῦ ὀργάνου λαβεῖν ἐθέλοιμεν ὥραν, ἀρτῶμεν ἐκ τοῦ κρίκου τὸ ὄργανον οὕτως, ὥστε τὸ τεταρτημόριον αὐτοῦ τὸ εἰς τὰς ϙ κατατετμημένον μοίρας πρὸς τὸν ἥλιον νεύειν, καὶ λοιπὸν περιάγομεν κατὰ μικρὸν τὴν διόπτραν ἄνω καὶ κάτω κατὰ[42] τὸ εἰρημένον ἓν καὶ τὸ αὐτὸ τοῦ κύκλου[43] τεταρτημόριον, μέχρις ἂν ἡ ἀκτὶς εἰσβάλλουσα διὰ τοῦ πρὸς τῷ ἡλίῳ τῆς διόπτρας τρυπήματος εἰς θάτερον τὸ πρὸς ἡμᾶς πέσῃ. 2. ἵνα δὲ μὴ ἄνευ λογικῆς μεθόδου κατέχοντες τὸ ὄργανον δυσχεραίνωμεν περὶ τὴν διόπτειαν,[44] εἰδέναι χρὴ ὡς τοιαύτην δεῖ θέσιν ἔχειν τὸ ὄργανον, ὥστε τὴν ἔξωθεν ἴτυν αὐτοῦ, λέγω δὲ τὴν περίμετρον, ὑπὸ τοῦ ἡλίου καταλάμπεσθαι,[45] ἑκάτερον δὲ τῶν ἐπιπέδων, ὡς οἷόν τέ ἐστι, σκιάζεσθαι. 3. ἡ δὲ αἰτία ἐστιν αὕτη, ὅτι[46] τῷ μὲν πόλῳ τοῦ ὁρίζοντος, τουτέστι τῷ κατὰ κορυφὴν σημείῳ, τὸ τοῦ ἀρτήματος σημεῖον ἀναλογεῖ, τῷ δὲ παραλλήλῳ, ὃν γράφει τότε διοπτευόμενος ὁ ἥλιος, ἡ τοῦ ὀργάνου περίμετρος. δεῖ οὖν αὐτὴν οὕτω κεῖσθαι, ὥστε ἐν τῷ αὐτῷ ἐπιπέδῳ εἶναι τῷ

---

38 sic CDF, anon. Bon.: ἔχουσιν Hase sec. AB | 39 hic καὶ ἁπλῶς εἰπεῖν, καθ' ὃ σημεῖον τὰ ζώδια ἀλλήλων ἅπτονται, κατὰ τοῦτο ἡ ἀρχή inserit F 40 αἵτινές εἰσιν σημαντικαί F | 41 καὶ ἐντεχνῶς add. F | 42 sic CDF, Tan.: μετὰ AB | 43 sic CDF, Tan.: κέντρου A, Hase | 44 sic hic et infra CDF, Tan.: δίοπτραν cett., Hase | 45 sic CDF, A in marg.: καταλαμβάνεσθαι cett. | 46 sic AB Hase: om. CF, del. D

Fische vorangehen; bei der den Fischen angrenzenden Stelle ist der Anfang des Widders, und so bei allen Zeichen. **5.** Bei den die Grade markierenden Strichen gehen die einen durch die ganze Breite des Tierkreis(-Ringes), die anderen nur bis zur Mitte. Der Anfang jedes Tierkreiszeichens beginnt beim ganz durchgezogenen Strich, der sowohl Ende des vorangehenden wie Anfang des folgenden Zeichens ist.

6. Soviel also zum Aufbau des ganzen Instrumentes. Nun ist es Zeit, auch seinen Gebrauch zu erläutern.

[5-15: Anwendungen des Instrumentes. 1. Zeitbestimmung bei Tag: 5-7]

5. Über die Beobachtung der Sonne bei Tag und wie man diese kunstgerecht durchführt

1. Wenn wir nun am Tag die Stunde der Sonne mit dem Instrument ermitteln wollen, dann heben wir das Instrument am Ring so, dass der Quadrant mit der Einteilung in 90 Grade[10] gegen die Sonne gerichtet ist; dann schieben wir sachte das Diopter auf eben diesem genannten Quadranten des Kreises auf und ab, bis der Strahl ⟨der Sonne⟩ durch das zur Sonne gerichteten Visierloch auf das andere, gegen uns gerichtete fällt. **2.** Damit wir aber nicht durch unrichtiges Halten des Instrumentes bei der Beobachtung falsch vorgehen, muss man wissen, dass das Instrument eine solche Stellung haben muss, dass der äussere Rand, ich meine die Peripherie, von der Sonne beschienen wird, die beiden Flächen jedoch, soweit möglich, im Schatten bleiben. **3.** Der Grund ist folgender: Weil dem Pol des Horizontes, d.h. dem Zenitpunkt, der Punkt des Aufhängers entspricht, dem Parallelkreis aber, den die zu diesem Zeitpunkt anvisierte Sonne beschreibt, die Peripherie des Instrumentes. Diese muss so liegen, dass sie in einer Ebene

---

10 S. oben 2,3.

παραλλήλῳ, ὃν γράφει τότε ὁ ἥλιος. 4. κέοιτο⁴⁷ δ' ἂν οὕτως, εἰ αὐτῇ ἀκριβῶς τῇ ἴτυι τοῦ ὀργάνου αἱ ἀκτῖνες τοῦ ἡλίου προσβάλλουσιν,⁴⁸ ὡσανεὶ ἐπ' αὐτῆς κειμένου τοῦ ἀστέρος.⁴⁹

5. Οὕτως οὖν σχηματισθέντος τοῦ ὀργάνου, δεῖ τὴν δίοπτραν, ὡς εἶπον, ἠρέμα περιάγειν ἄνω τε καὶ κάτω ἐπὶ ἓν καὶ τὸ αὐτὸ τεταρτημόριον τοῦ καταγραφέντος ἡμικυκλίου, τὸ πρὸς τὸν ἥλιον νεῦον, μέχρις ἂν ἐπ' εὐθείας γινομένης τῷ ἡλίῳ τῆς διόπτρας [τοῦ ἡλίου]⁵⁰ ἡ ἀκτίς, διὰ τοῦ τρυπήματος τοῦ πρὸς αὐτὸν συστηματίου τῆς διόπτρας διελθοῦσα, διαπεραιωθῇ ἐπὶ τὸ τρύπημα καὶ τοῦ ἑτέρου συστηματίου, τοῦ πρὸς ἡμᾶς. 6. ἐν δὲ τῷ περιάγεσθαι αὐτὴν ὄψει φῶς ἰσομέγεθές τε καὶ ὁμοιόσχημον τῷ τρυπήματι περιπλα|νώμενον, καὶ ποτὲ μὲν ὧδε, ποτὲ δὲ ἐκεῖσε συμβαῖνον τῇ τῆς διόπτρας κινήσει. 7. δεῖ οὖν περιάγειν τὴν δίοπτραν ἠρέμα τῇδε κἀκεῖσε, μέχρις ἂν ἴδωμεν τοῦτο τὸ φῶς ἐμβάλλον τῷ ἐντὸς ἐπιπέδῳ τοῦ πρὸς ἡμᾶς συστηματίου καὶ τῷ τρυπήματι τούτῳ προσαρμόζον, ὅτε λοιπὸν καὶ ἀφανὲς αὐτὸ συμβαίνει γίνεσθαι ἅτε διὰ κενοῦ χωροῦν. 8. εἰ γοῦν τὴν χεῖρα πλησίον τοῦ πρὸς ἡμᾶς τρυπήματος ἀγάγοις, εἰς αὐτὴν ὄψει πίπτον τὸ φῶς. ἀφανὲς δὲ συμβαίνει πάντῃ τὸ φῶς γίνεσθαι, εἰ ἡ ὀπή, δι' ἧς εἰσβάλλει πρῶτον, τῆς ἑτέρας ἢ ἐλάττων⁵¹ εἴη, ἢ ἀκριβῶς ἴση. εἰ γὰρ μείζων εὑρεθείη, συμβαίνει τὸ φῶς ὑπερεκπίπτειν⁵² τῆς ἑτέρας κατὰ τὸ ἐντὸς ἐπίπεδον τοῦ συστηματίου τοῦ πρὸς ἡμᾶς.

9. Τούτου οὖν γενομένου, δεῖ σημειοῦσθαι ἢ μέλανι ἢ τοιούτῳ τινὶ τὴν γραμμήν, καθ' ἣν ἔπεσε τὸ μοιρογνωμόνιον τῆς διόπτρας (τοῦτο δέ ἐστι τὸ ἄκρον τοῦ κανονίου τὸ εἰς ὀξὺ λῆγον), καὶ μετρεῖν πόση ἐστὶν ἀρχομένους⁵³ κάτωθεν ἀπὸ τοῦ ὁρίζοντος, ἐάν τε πρὸ μεσημβρίας⁵⁴ ἡ διοπτεία γένηται, ἐάν τε μετὰ μεσημβρίαν. 10. ὅσαι γὰρ καὶ εἶεν ἀπὸ τοῦ ὁρίζοντος μοῖραι, τοσοῦτον τυγχάνει ὂν καὶ τὸ ἀπὸ ἀνατολῆς ἢ δύσεως ὕψωμα τοῦ ἡλίου. 11.

---

47 sic codd. plur.: καὶ ἔσται A in marg., Hase | **48** sic CDF, Tan.: προσβάλλωσιν cett. | **49** ἢ τοῦ ἡλίου add. F | **50** om. CF, del. D m. sec. | **51** sic CDF, Tan.: ἐλάττον cett. | **52** sic FD, Tan.: ὑπεκπίπτον cett., Hase | **53** sic DF, anon. Bon.: ἀρχομένης D m. sec., cett. | **54** sic CDF, anon. Bon.: πρὸς μεσημβρίαν AB

liegt mit dem Parallelkreis, den die Sonne gerade beschreibt.[11]
4. Dies wird aber der Fall sein, wenn genau auf den Rand des Instrumentes die Sonnenstrahlen auftreffen, wie wenn das Gestirn auf ihm liegen würde.

5. Wenn nun das Instrument so ausgerichtet ist, muss man, wie gesagt, das Diopter sachte auf und ab bewegen auf eben diesem einen Quadranten des ⟨mit einer Gradeinteilung⟩ beschrifteten Halbkreises, der gegen die Sonne gerichtet ist, bis das Diopter in einer Linie mit der Sonne liegt und ihr Strahl durch das Loch des zu ihr gerichteten Plättchens des Diopters hindurchgeht und zum Loch des anderen, gegen uns gerichteten Plättchens dringt. **6.** Beim Drehen des Diopters wirst du den Lichtfleck, der gleich gross und gleich geformt ist wie das Visierloch, je nach der Bewegung des Diopters mal dahin, mal dorthin wandern sehen. **7.** Man muss also das Diopter sachte hin und her bewegen, bis wir sehen, dass dieser Lichtfleck auf die innere Fläche des gegen uns gerichteten Plättchens fällt und auf dessen Loch passt; dann wird er unsichtbar, da er ins Leere entschwindet. **8.** Wenn du nun die Hand nahe an das gegen uns gerichtete Loch führst, wirst du den Lichtfleck auf sie fallen sehen. Ganz unsichtbar aber wird das Licht, wenn die Öffnung, durch die es zuerst eingefallen ist, kleiner ist als die andere oder genau gleich gross; denn wenn sie grösser wäre, würde das Licht die Öffnung auf der Innenseite des gegen uns gerichteten Plättchens überragen.

9. Wenn nun ⟨diese Anpeilung der Sonne⟩ durchgeführt ist, muss man mit Tinte oder sonst was den Strich markieren, auf welchen der Gradzeiger des Diopters gefallen ist (das ist das in eine Spitze auslaufende Ende des ⟨Visier-⟩Lineals), und messen, der wievielte es ist, angefangen von unten vom Horizont her, ob nun die Beobachtung vor Mittag oder nach Mittag geschieht. **10.** Wie viele Grade vom Horizont es nun sind, gerade soviel beträgt auch die Höhe der Sonne über dem Ost- oder den West⟨horizont⟩. **11.** Wenn wir nun den Grad markiert haben, bei welchem

---

11 Ob hier ein Irrtum des Verfassers oder der Überlieferung vorliegt, ist nicht zu entscheiden. Gemeint ist wohl, dass auf der gegen die Sonne gerichteten Peripherie der Grad über dem Horizont der Sonne abgelesen werden kann, der auf dem betreffenden Parallelkreis liegt.

σημειωσάμενοι οὖν τὴν μοῖραν, ἐφ' ἧς διώπτευται⁵⁵ ὁ ἥλιος, οἷον εἰ τύχοι τὴν τριακοστήν, δεῖ λαμβάνειν ἐξ ἐφημερίδος τό τε ζῴδιον καὶ τὴν μοῖραν αὐτοῦ, ἐν ᾗ ἐστὶ κατ' ἐκείνην τὴν ἡμέραν ὁ ἥλιος, ἧς τὴν ὥραν εὑρεῖν βουλόμεθα, ἢ καὶ ἐκ τῆς μεθόδου, ἣν ἐφεξῆς λέγειν μέλλομεν.

⟨Ὑπόδειγμα⟩⁵⁶

12. Ἔστω τυχὸν ἐν κριῷ κατὰ τὴν k̄ μοῖραν. δεῖ οὖν τὴν k̄ τοῦ κριοῦ μοῖραν ἐπὶ τοῦ ζῳδιακοῦ τοῦ ἐν τῇ ἀράχνῃ σημειοῦσθαι μέλανι ἢ κηρῷ ἢ τοιούτῳ τινί, εἶτα λοιπὸν ἐπισκοπεῖν, ἐν ποίῳ κλίματι ὄντες διοπτεύομεν, καὶ λαμβάνειν τὸ τύμπανον, ἐν ᾧ τὸ προκείμενον κλίμα καταγέγραπται, καὶ ἁρμόζειν οὕτως ἐν τῷ παρόντι⁵⁷ ὀργάνῳ, ὥστε ἐξωτέρω παντὸς εἶναι τὸ ζητούμενον κλίμα· εἶτα τὴν ἀράχνην τούτῳ ἐπιτιθέναι. 13. καὶ εἰ μὲν οὖν πρὸ μεσημβρίας ἡ διοπτεία | γένοιτο,⁵⁸ λαμβάνειν χρὴ τὸν ἐν τῷ τυμπάνῳ τοῦ προκειμένου κλίματος ἰσάριθμον τῇ διοπτευθείσῃ μοίρᾳ παράλληλον κύκλον, ὡς νῦν ἐν ὑποθέσει, τὸν τριακοστόν, τὴν ἀρχὴν τῆς ἀπαριθμήσεως ποιούμενον ἀπὸ τοῦ μέρους, ἐν ᾧ ἐπιγέγραπται ἀνατολή, εἰ δὲ μετὰ μεσημβρίαν τὴν ἀρχὴν ποιούμεθα, ἐκ τοῦ ἀντικειμένου, ἐν ᾧ ἐπιγέγραπται δύσις. 14. εἶτα μέλανι σημειοῦσθαι δεῖ τοῦτον τὸν κύκλον πλείοσι στιγμαῖς κατὰ πᾶσαν σχεδὸν τὴν γραμμήν. εἰ δὲ μὴ εἴη⁵⁹ μονομοιριαῖος ὁ ἀστρολάβος,⁶⁰ ἀλλὰ διμοιριαῖος ἢ τριμοιριαῖος καὶ ὁ διοπτευθεὶς τῶν μοιρῶν ἀριθμὸς ἐν τῷ μεταξὺ τῶν κύκλων διαστήματι πίπτει, δεῖ δῆλον ὅτι τὸ μεταξὺ διάστημα τέμνειν ἀναλόγως, καὶ τὸν τόπον, ἔνθα πίπτει ὁ ζητούμενος ἀριθμός, ὁμοίως στιγμαῖς πλείοσιν ἄνωθεν ἕως κάτω σημειοῦσθαι.

15. Τούτου δὲ γενομένου, δεῖ τὴν ἀράχνην περιάγειν μέχρις ἂν τὸ ζῴδιον καὶ ἡ ἐν αὐτῷ μοῖρα, ἣν ἐπέχει ὁ ἥλιος, ἐπιψαύσῃ τοῦ παραλλήλου κύκλου, καθ' ὃν⁶¹ διώπτευται⁶² ὑπάρχων ὁ ἥλιος,

---

55 sic F: διοπτεύεται cett. | 56 add. D in marg., om. cett. | 57 sic Hase sec. AB: παντί CDF | 58 sic AB, D m. pr.: γίνοιτο D m. sec., γίνεται CF | 59 εἴη om. Hase sec. AB | 60 sic accentum posui: ἀστρόλαβος contra usum accentuant codd. | 61 sic CD, A in marg.: καθ' ἣν D m. sec., cett. | 62 sic correxi sec. 5,11; 8,6: διοπτεύεται codd.

die Sonne anvisiert worden ist, wie z.B. der dreissigste, müssen wir den Ephemeriden das Tierkreiszeichen und den Grad entnehmen, an welchem sich die Sonne gerade an jenem Tag befindet, an welchem wir die Stunde ermitteln wollen, oder nach der Methode finden, die wir im Folgenden erklären wollen.

⟨Ein Beispiel⟩

12. Die Sonne stehe etwa im 20. Grad des Widders. Man muss also den 20. Grad des Widders auf dem Zodiakos auf der Arachne mit Tinte, Wachs oder sonst wie markieren, dann muss man beachten, in welcher geographischen Breite wir die Beobachtung durchführen, und das entsprechende Tympanon/Einlagescheibe vornehmen, auf welchem das betreffende Klima verzeichnet ist, und dieses so ins vorliegende Instrument einlegen, dass das betreffende Klima zuoberst ist; dann muss man die Arachne darauflegen. **13.** Wenn nun die Beobachtung vor Mittag durchgeführt wird, muss man auf dem Tympanon des betreffenden Klimas den Parallelkreis mit demselben Gradwert wie der mit dem Diopter ermittelte nehmen – in unserem Beispiel also den 30. Parallelkreis[12] –, indem wir auf der Seite zu zählen beginnen, auf welcher ‚Osten' steht; wird sie aber nach Mittag durchgeführt, beginnt die Zählung am gegenüberliegenden Ende, wo ‚Westen' eingetragen ist. **14.** Dann muss man diesen Kreis beinahe der ganzen Linie entlang mit mehreren Punkten mit Tinte markieren. Wenn es sich aber nicht um ein eingradteiliges Astrolab handelt, sondern um ein zwei- oder dreigradteiliges, und der ermittelte Gradwert in den Zwischenraum der Kreise fällt, dann muss man natürlich den Zwischenraum entsprechend unterteilen und die Stelle, auf welche die gesuchte Zahl fällt, in gleicher Weise mit mehreren Punkten von oben nach unten markieren.
15. Ist dies geschehen, muss man die Arachne drehen, bis das Tierkreisbild und der auf ihm ⟨markierte⟩ Grad, den die Sonne einnimmt, den Parallelkreis berührt, auf welchem zum betreffen-

---

12 S. oben 5,11.

ὃν καὶ πλείοσι στιγμαῖς σημειοῦσθαι παρεκελευσάμεθα, διότι ἄδηλον ἦν, ποίας αὐτῶν ἅψεται ἡ τοῦ ἡλίου μοῖρα περιαγομένης τῆς ἀράχνης. **16.** τούτου δὲ γενομένου, εἰδέναι δεῖ, ὅτι ἦν τὸ πᾶν θέσιν ἔχει κατ᾽ ἐκείνην τὴν ὥραν, τὴν αὐτὴν καὶ τὸ ὄργανον ἔχον διατετύπωται, ὁμοταγῶς τῷ παντί. **17.** μετὰ τοῦτο λαμβάνειν δεῖ τὴν κατὰ διάμετρον τοῦ ἡλίου μοῖραν, ὥσπερ νῦν[63] τὴν $\overline{\kappa}$ τοῦ ζυγοῦ, καὶ σημειοῦσθαι διὰ μέλανος ἐν ποίῳ σημείῳ τοῦ τυμπάνου πέπτωκε· πίπτει δὲ πάντως[64] ἐν τῷ ἀναλογοῦντι τῷ ὑπὸ γῆν αὐτοῦ μέρει· **18.** εἶθ᾽ οὕτως ἀριθμοῦντας[65] τὰς τῶν ὡρῶν σημαντικὰς γραμμὰς ἀπὸ πρώτης [δυτικοῦ],[66] ἥτις ἐκ τοῦ δυτικοῦ μέρους τὴν ἀρχὴν ποιεῖται, ἀποφαίνεσθαι τὰς ἠνυσμένας τοῦ ἡλίου ὥρας, ἢ καὶ μόριον, εἰ μὴ ἐπὶ μιᾶς τῶν ὡριαίων γραμμῶν ἢ κατὰ διάμετρον τοῦ ἡλίου πέσῃ μοῖρα, ἀλλ᾽ ἐν τῷ μεταξὺ διαστήματι. **19.** τὸ αὐτὸ καὶ ἐπὶ τῆς μετὰ μεσημβρίαν[67] διοπτείας. ἐν τούτῳ γὰρ ἡ διαφορὰ μόνον, ὅτι ἐν τῇ τῶν παραλλήλων κύκλων λήψει ἐν ταῖς πρὸ | μεσημβρίας διοπτείαις ἀπὸ τοῦ ἀνατολικοῦ ποιούμεθα τὴν ἀρχὴν τῆς ἀπαριθμήσεως, ἐν δὲ ταῖς μετὰ μεσημβρίαν ἀπὸ τοῦ δυτικοῦ. τὴν μέντοι τῶν ὡρῶν λῆψιν ἀεὶ ἀπὸ τοῦ δυτικοῦ μέρους ἀρχόμενοι ποιούμεθα, ἐάν τε ἡμερινὴ εἴη ἡ διοπτεία, ἐάν τε νυκτερινή, δι᾽ ἣν νῦν ἐροῦμεν αἰτίαν.

6. Διὰ τί ἐν τῷ ἀναλογοῦντι τῷ ὑπὸ γῆν τμήματι αἱ ὡριαῖαι γραμμαὶ κατεγράφησαν, καὶ διὰ τί ἀπὸ δύσεως[68] τὴν ἀρχὴν τῆς ἀπαριθμήσεως αὐτῶν ποιούμεθα, καὶ πῶς ἂν καὶ τὸ τῆς ὥρας ληφθείη μέρος.

1. Ἐπεὶ γὰρ σαφηνείας τε καὶ εὐχερείας πλείστην πανταχοῦ σπουδὴν ὁ Πτολεμαῖος πεποίηται, σύνοιδε δέ, ὅτι εἰ τὴν τῶν ὡρῶν[69] καταγραφὴν ἐν τῷ ἀναλογοῦντι τῷ ὑπὲρ γῆν ἡμισφαιρίῳ

---

63 νῦν om. CF, del. D m. sec. | 64 sic DF, anon. Bon.: παντὸς cett. | 65 sic D m. sec.: ἀριθμοῦντες CD, ἀριθμοῦντα F, Hase | 66 om. CF, del. D, Hase | 67 sic CD m.sec.,F, Tan.: μετασημερινῆς AB, Hase | 68 sic CDF: ἀπὸ τῆς δύσεως add. Tan., om. AB, Hase | 69 τὴν τῶν ὡρῶν CDF, Tan.: om. AB, Hase

den Zeitpunkt die Sonne anvisiert wurde; wir haben empfohlen, diesen mit mehreren Punkten zu kennzeichnen, weil es nicht voraussehbar war, welchen Punkt der ⟨ermittelte⟩ Grad der Sonne beim Drehen der Arachne berühren werde. **16.** Ist dies geschehen, muss man wissen, dass dieselbe Lage, welche das All zur betreffenden Stunde einnimmt, auch das Instrument veranschaulicht, dessen Anordnung dem All entspricht. **17.** Darauf muss man ⟨mit dem Doppelzeiger⟩ den der Sonne gegenüberliegenden Grad nehmen – in unserem Fall den 20. Grad der Waage –, und den Punkt mit Tinte markieren, auf welchen er auf dem Tympanon fällt; er liegt aber jedenfalls in dem Teil, der dem unter der Erde entspricht. **18.** Danach sind die Stundenlinien zu zählen von der ersten an, welche vom Westen/Untergang her beginnt, um die vollen Stunden der Sonne zu zeigen, oder auch Bruchteile, wenn der der Sonne gegenüberliegende Grad nicht auf eine Stundenlinie fällt, sondern in den Zwischenraum. **19.** Dasselbe Vorgehen gilt auch für die Beobachtung nach Mittag. Sie unterscheidet sich nur darin, dass man beim Zählen der Parallelkreise bei Beobachtungen vor Mittag von Osten her zu zählen beginnt, bei den Beobachtungen nach Mittag dagegen von Westen her. Die Stunden jedoch beginnen wir immer von Westen her zu zählen, ob die Beobachtung nun am Tag oder in der Nacht stattfindet; den Grund dafür werde ich gleich anführen.

6. Warum die Stundenlinien in dem Teil eingezeichnet sind, welcher dem Teil unter der Erde entspricht, und warum wir mit der Zählung ⟨der Stunden⟩ von Westen/Untergang her beginnen, und wie man einen Bruchteil der Stunde erfassen kann

1. Da Ptolemaios überall grössten Wert auf die Deutlichkeit und die Benutzerfreundlichkeit gelegt hat,[13] war er sich bewusst, dass, wenn er die Einzeichnung der Stundenlinien auf der der

---

13 Von Ptolemaios, der hier unvermittelt und ganz selbstverständlich als Quelle genannt ist, wird auch in anderem Zusammenhang gerne die Benutzerfreundlichkeit und praktische Handhabung postuliert: vgl. Ptol. *Geogr.* 1,6,2 (*euchreston*); 1,18,2 (*eumetacheiristos*).

ποιήσαιτο, ἐν ᾧ καὶ τὴν τῶν παραλλήλων κύκλων ἐποίησε καταγραφήν, σύγχυσιν ἐνεποίει τῷ ὀργάνῳ καὶ δυσχέρειαν τοῖς χρωμένοις εἰς τὸ διακρίνειν, ποῖαι μὲν γραμμαὶ τῶν ὡρῶν εἰσὶ σημαντικαί, ποῖαι δὲ τῶν παραλλήλων, διὰ τοῦτο εἰς θάτερον ἡμικύκλιον καταγεγράφηκε τὰς ὥρας. 2. δήλου δὲ ὄντος ἐκείνου, ὅτι ὅσον ἐστὶν ὑπὲρ γῆν κύκλου μέρος, ὃ διέρχεται ὁ ἥλιος καθ' ἑκάστην μοῖραν, τοσοῦτόν ἐστιν ὑπὸ γῆν ὃ γράφει ἡ κατὰ διάμετρον τοῦ ἡλίου μοῖρα· οἷον, ὅσον γράφει κύκλου μέρος ὑπὲρ γῆν ἡ εἰκοστὴ τοῦ κριοῦ μοῖρα, τοσοῦτον ὑπὸ γῆν ἡ εἰκοστὴ τοῦ ζυγοῦ, καὶ ἐπὶ πάντων τῶν κατὰ διάμετρον ὡσαύτως· 3. καὶ ὅτι ὅσον ἀφέστηκεν ὑπὲρ γῆν ὢν ὁ ἥλιος ἀπὸ τοῦ ἀνατολικοῦ ὁρίζοντος, τοσοῦτον ἡ κατὰ διάμετρον αὐτοῦ μοῖρα ὑπὸ γῆν ἀπὸ τοῦ δυτικοῦ διέστηκεν ὁρίζοντος· οὐδὲν ἄρα διαφέρει πρὸς τὸ γνῶναι τὸ πόσον τοῦ διαστήματος, ὃ ἀπέχει ἐκ τῆς ἀνατολῆς ὁ ἥλιος, [εἴτε ἀπὸ τούτου][70], εἴτε αὐτὸ τοῦτό τις μετρήσειεν[71], εἴτε τὸ[72] ἀπὸ τοῦ δυτικοῦ ὁρίζοντος ὑπὸ γῆν [διάμετρον μοῖραν][73] ἐπὶ τὴν κατὰ διάμετρον μοῖραν. ἴσον γὰρ εἶναι ἀπο|δέδεικται, ὥσπερ εἴπομεν. 4. ἐπεὶ οὖν διὰ τὴν τῶν καταγραφῶν σύγχυσιν ἐν τῷ ἀναλογοῦντι τῷ ὑπὲρ γῆν ἡμισφαιρίῳ τὰς τῶν ὡρῶν καταγραφὰς οὐκ ἠδύνατο ποιῆσαι καὶ διὰ τοῦτο ἐν τῷ ἀντικειμένῳ πεποίηκε, τούτου χάριν τήν τε κατὰ διάμετρον τοῦ ἡλίου μοῖραν λαμβάνει καὶ ταύτην ζητεῖ, πόσον κεκίνηται ὑπὸ γῆν ἀπὸ τοῦ δυτικοῦ ὁρίζοντος, καὶ τοσαύτην ἀποφαίνεται εἶναι τὴν τοῦ ἡλίου ὑπὲρ γῆν κίνησιν ἀπὸ τοῦ ἀνατολικοῦ ὁρίζοντος. 5. αὕτη μὲν οὖν ἡ αἰτία τοῦ τὴν κατὰ διάμετρον τοῦ ἡλίου μοῖραν λαμβάνειν, δι' ἣν καὶ ἀπὸ δύσεως ἡ τῶν ὡρῶν ἀπαρίθμησις γίνεται ἐπὶ[74] τὸ ὑπὸ γῆν ἡμισφαίριον.

6. Ἵνα δὲ καὶ τὸ μόριον τῆς ὥρας πόσον ἐστὶν ἀκριβῶς εἰδείημεν, ὅταν[75] μὴ εἰς αὐτὴν τῶν ὡριαίων πίπτῃ γραμμὴν ἡ κατὰ διάμετρον τοῦ ἡλίου μοῖρα, ἀλλ' ἐν τῷ μεταξύ, δεῖ σημειοῦσθαι στιγμῇ τὸν τόπον ἔνθα ἔπεσεν· εἶτα κατ' αὐτοῦ τοῦ σημείου θέντας[76] κάλαμον μέλανι βεβρεγμένον, καὶ ἀμετακίνητον

---

70 del. D m. sec., Hase, om. CF | 71 sic CF, Tan.: μετρίσειεν DE, μερίσειεν Hase sec. AB | 72 sic DEF, om. C: τὴν AB, Hase | 73 om. F, del. D m. sec., Tan. | 74 sic C, D m. sec.: ὑπὸ AB, Hase | 75 sic C: ὅτε cett. | 76 θέντας ... , φυλάξαντας ... etc. corr. anon. Bon.: θέντες ... etc. codd., Hase

oberirdischen Halbkugel entsprechenden Hälfte vornehmen würde, auf welcher er auch die Parallelkreise eingezeichnet hat, auf dem Instrument ein Durcheinander entstehen würde und die Benutzer Mühe hätten zu unterscheiden, welche Linien nun die Stunden bezeichnen und welche die Parallelen. Deswegen hat er die Stunden⟨linien⟩ auf dem anderen ⟨unteren⟩ Halbkreis eingetragen. 2. Nun ist es aber klar, dass das Kreisstück über der Erde, das die Sonne bei jedem von ihr eingenommenen Grad durchmisst, ebenso gross ist wie das Stück unter der Erde, welches der der Sonne diametral gegenüberliegende Grad durchmisst; so ist zum Beispiel das Kreisstück, das der 20. Grad des Widders über der Erde durchmisst, ebenso gross wie dasjenige, welches der 20. Grad der Waage unter der Erde durchmisst; und so ist es bei allen diametral gegenüberliegenden Punkten. 3. Ferner ist über der Erde die Sonne vom Osthorizont gleich weit entfernt wie unter der Erde der ihr diametral gegenüberliegende Punkt vom Westhorizont; es macht nämlich keinen Unterschied für die Feststellung der Grösse des Abstandes, den die Sonne vom Osthorizont einnimmt, ob man diesen selbst misst oder den vom Westhorizont her unter der Erde zum gegenüberliegenden Punkt. Es kommt, wie gesagt, erwiesenermassen auf dasselbe heraus. 4. Da er (sc. Ptolemaios) nun wegen dem ⟨möglichen⟩ Durcheinander der Einzeichnungen auf dem der Halbkugel über der Erde entsprechenden Teil die Stundenlinien nicht anbringen konnte und diese darum auf dem gegenüberliegenden Teil anbrachte, deswegen nimmt er auch den Gegenpunkt der Sonne und ermittelt, wieweit dieser unter der Erde sich vom Westhorizont entfernt hat, und weist nach, dass die Sonne über der Erde ebensoweit sich vom Osthorizont entfernt hat. 5. Das ist also der Grund, weshalb man den Gegenpunkt der Sonne nimmt, mit dessen Hilfe die Stundenzählung von Westen her beginnt auf der Halbkugel unter der Erde.

6. Um aber auch den Bruchteil der Stunde genau zu erfahren, wenn der Gegenpunkt der Sonne nicht auf eine Stundenlinie fällt, sondern in einen Zwischenraum, müssen wir ⟨auf dem Tympanon⟩ die Stelle, wo er hingefallen ist, mit einem Zeichen markieren und dann genau bei diesem Punkt ⟨an der Arachne⟩ eine mit Tinte befeuchtete Feder ansetzen und diese unbewegt am

φυλάξαντας αὐτὸν ἐν τῇ ληφθείσῃ τῆς ἀράχνης μοίρᾳ, καὶ συμπεριάγοντας αὐτὸν ἐν τῇ ἀράχνῃ παρ' ἑκάτερα μέχρι τῶν [παρ' ἑκάτερα][77] ὡριαίων γραμμῶν, τὴν ἐκ τοῦ μέλανος γινομένην ἐν τῷ τυμπάνῳ γραμμὴν μετρεῖν ὅλην σπαρτίῳ ἢ τοιούτῳ τινί· εἶτα ζητεῖν, πόστον μέρος ἐστὶ τῆς ὅλης ταύτης γραμμῆς μέχρι τοῦ σημείου, ἐν ᾧ ἔπεσεν ἡ κατὰ διάμετρον μοῖρα τῆς διοπτευθείσης, καὶ οὕτω καὶ τὸ μόριον τῆς ὥρας καὶ τὸ πόστον ἐστὶν ἀποφαίνεσθαι.[78]

⟨Ἑτέρα μέθοδος.⟩[79]

7. Καὶ ἄλλως δὲ τεχνικώτερον ἔστι τὸ τῆς ὥρας μόριον εὑρεῖν. δεῖ γὰρ ἓν τῶν μοιρογνωμονίων [ἐν τῷ μοιρογνώμονι][80] τῆς ἀράχνης ἐπιτηρῆσαι, πόσους δίεισι παραλλήλους, ὅλον ἢ καὶ μέρος, ἐν ὅσῳ ἡ ληφθεῖσα τοῦ ζῳδιακοῦ μοῖρα ὅλον τὸ μεταξὺ τῶν παρ' ἑκάτερα ὡριαίων γραμμῶν διάστημα δίεισιν, ἐν ᾧ πέπτωκεν· 8. εἶτα πάλιν ἄνωθεν σκοπεῖν, πόσους δίεισι παραλλήλους ἢ μέρος τὸ αὐτὸ μοιρογνωμόνιον, ἐν ὅσῳ πάλιν ἡ αὐτὴ μοῖρα δίεισι τὸ μέρος τῆς ὥρας τὸ ζητούμενον μέχρι τοῦ μεταξὺ σημείου, ἐν ᾧ πέπτωκε, καὶ οὕτως εὑρίσκειν τὸν τοῦ | μέρους λόγον πρὸς τὸ ὅλον· οἷον, εἰ τὴν ὅλην ὡριαίαν[81] διάστασιν τὸ μοιρογνωμόνιον τέσσαρας τυχὸν διῆλθε παραλλήλους καὶ ἥμισυ, ⟨τὸ δὲ μέρος ἕνα καὶ ἥμισυ, [δεῖ λέγειν]⟩[82] τρίτον εἶναι μέρος λέγε τῆς ὥρας τὸ ζητούμενον. 9. τοῦτο δὲ ποιεῖν δυνατὸν καὶ ἐπὶ τῶν ὀργάνων, ἐφ' ὧν ⟨ἡ⟩[83] ἔξωθεν ἴτυς τῶν τυμπάνων ἢ καὶ αὐτοῦ τοῦ δοχείου τοῦ διῃρημένου διῄρηται εἰς τξ μοιριαῖα τμήματα ἐκ τοῦ εἰς αὐτὰ πίπτοντος τῆς ἀράχνης μοιρογνωμονίου. 10. ἀριθμήσαντες γὰρ πόσας μοίρας ἐν πάσῃ[84] τῇ ζητουμένῃ ὥρᾳ τὸ μοιρογνωμόνιον

---

77 falso iterant nonnulli codd., del. Tan. | 78 sic C, Tan.: ἀποφαίνεται DF, Hase | 79 add. D m. sec.; om. cett. | 80 del. Tan., om. C, D m. sec. : habet Hase | 81 sic EF, Tan.: μοιριαίαν CD, Hase sec. AB | 82 sic add. D (δεῖ λέγειν seclusi), om. cett; lacunam iam statuit Drecker | 83 add. DF, anon. Bon. | 84 ἐν πάσῃ huc transposui: ἐν πάσῃ πόσας μοίρας τῇ codd.

dann wieder, wie viele Grade der Gradzeiger beim vergangenen Bruchteil derselben Stunde durchläuft, was dem gesuchten Bruchteil der Stunde entspricht. Aus dem gegenseitigen Verhältnis Grade der ganzen Stunde und des Bruchteils erkennen wir, den
5 wievielten Teil einer ganzen Stunde der gesuchte Teil ausmacht.

7. Dass auch die vier Kardinalpunkte, nämlich der Horoskop-Punkt, der Mittagspunkt und die denen gegenüberliegenden Punkte erkennbar sind und dass es bei gewissen Instrumenten möglich ist, sie ⟨auch⟩ mit jedem beliebigen Tympanon zu
10 beobachten

1. Mit der gegebenen Einstellung ⟨des Instrumentes⟩[16] erhalten wir auch die vier Kardinalpunkte, nämlich den Horoskop-Punkt (Ost), den Mittagspunkt (Süd) und die diesen gegenüberliegenden Punkte, nämlich den Untergangspunkt (West) und die
15 Himmelsmitte unter der Erde (Nord). 2. Wenn nämlich der ⟨angenommene⟩ Grad des Zodiakos, an dem die Sonne steht (wie ⟨in unserem Beispiel⟩ der 20. Grad des Widders) auf dem Parallelkreis liegt, auf welchem sie beobachtet wurde (zum Beispiel auf dem 30. Parallelkreis von Osten), muss man sehen, welches das aufge-
20 hende Tierkreiszeichen ist und der wievielte Grad bzw. Gradbruchteil den Horizont berührt; diesen Punkt bezeichnen wir den Horoskop-Punkt. 3. Ebenso muss man sehen, welches Zeichen untergeht und welcher Grad von ihm den Westhorizont berührt, das heisst den äussersten Parallelkreis gegen Westen, und
25 diesen nennt man Untergangspunkt; es ist klar, dass der Untergangspunkt diametral dem Aufgangspunkt gegenüberliegt. 4. Ferner muss man beachten, welches Tierkreiszeichen und der wievielte Grad von ihm die dem Meridian entsprechende Linie berührt in dem Teil des Tympanons, welcher der Hemisphäre
30 über der Erde entspricht; diesen nennt man Himmelsmitte, den diametral gegenüberliegenden Punkt dagegen Himmelsmitte

---

16 Vgl. oben 5,12ff.

νου μέρει]⁹⁴ πεσεῖται τῆς τῷ μεσημβρινῷ⁹⁵ ἀναλογούσης γραμμῆς.

5. Καὶ τοῦτο δὲ εἰδέναι δεῖ, ὅτι ἐν οἷς ἡ ἔξωθεν ἴτυς τῶν τυμπάνων εἰς τὰς τ̅ξ̅ μοίρας διήρηται, ἀδιάφορόν ἐστιν ἐν οἱῳδήποτε τυμπάνῳ τὴν δίοπτραν ἁρμόσαντας διοπτεύειν, τοῦ γνωμονίου αὐτοῦ προσπίπτοντος εἰς αὐτάς· τὰ δὲ λοιπὰ τῆς χρήσεως ἐν τῷ ζητουμένῳ κλίματι τὴν ἀράχνην ἁρμόζοντας δεῖ ποιεῖν, ὡς ἤδη εἴπομεν.

8. Περὶ τῆς νυκτερινῆς τῶν ἀπλανῶν ἀστέρων ἐντέχνου διοπτείας.

1. Περὶ μὲν οὖν τῆς ἡμερινῆς διοπτείας τοσαῦτα. περὶ δὲ τῆς νυκτερινῆς εἴπωμεν, ὅτι καταγεγραμμένοι εἰσὶν ἐν τῇ ἀράχνῃ τῶν⁹⁶ ἀπλανῶν καὶ λαμπρῶν ἀστέρων τινές, ἐν τισὶ μὲν ι̅ζ̅, ἐν τισὶ δὲ καὶ πλείους· ὧν πάντως⁹⁷ τινὰς ἐν πάσῃ νυκτὶ καὶ ἐν ἑκάστῃ ὥρᾳ φαίνεσθαι⁹⁸ ὑπὲρ γῆν ἀνάγκη, οἷον τυχὸν ὁ λυραῖος καὶ ὁ ἀρκτοῦρος καὶ οἱ λοιποί, οὓς καὶ ἐν τῇ ἀράχνῃ καταγεγραμμένους εὑρήσεις. παράκειται δὲ ἑκάστῳ τὸ ἴδιον τοῦ ἐπιγεγραμμένου ἀστέρος μοιρογνωμόνιον.

2. Δεῖ οὖν ἐν νυκτὶ τὴν ὥραν λαβεῖν ἐθέλοντας διοπτεύειν ἕνα τῶν κειμένων ἐν τῇ ἀράχνῃ ἀστέρων τὸν φαινόμενον ὑπὲρ γῆν. διοπτευθήσεται δὲ οὕτως. μετεωρίζομεν ἐκ τοῦ ἀρτήματος τὸ ὄργανον καὶ ὑπεράνω αὐτὸ τοῦ ἡμετέρου τίθεμεν ὄμματος, καὶ τὴν διῃρημένην εἰς τὰς ἐνενήκοντα μοίρας τοῦ ὀργάνου πλευρὰν ἐπικλίνομεν πρὸς τὸν διοπτευόμενον ἀστέρα, ὡς ἐν τῷ | αὐτῷ

---

94 om. C, del Tan. | 95 sic F: μεσουρανῷ cett. | 96 sic DF: om. ABC, Hase
97 sic corr. anon. Bon: πάντας codd. | 98 sic DF, A in marg.: φέρεσθαι D in marg., cett., Hase

unter der Erde; er fällt auf den Teil unter der Erde auf der dem Meridian entsprechenden Linie.

5. Auch dies muss man wissen, dass bei den Instrumenten, bei welchen der äussere Rand in 360 Grade eingeteilt ist, es keine Rolle spielt, auf welches Tympanon wir das Diopter für die Beobachtung einlegen, sofern sein Zeiger auf die Grade fällt. Die übrigen Anwendungen müssen wir so machen, dass wir – wie gesagt – die Arachne auf der jeweiligen Klimascheibe bewegen.

[2. Zeitbestimmung bei Nacht: 8]

8. Über die kunstgerechte Beobachtung der Fixsterne bei Nacht

1. Soviel also über die Beobachtung bei Tag. Hinsichtlich der Beobachtung bei Nacht wollen wir ⟨zunächst⟩ festhalten, dass auf der Arachne einige helle Fixsterne eingezeichnet sind, bei einigen 17,[17] bei anderen noch mehr. Von diesen müssen jedenfalls einige in jeder Nacht und zu jeder Stunde über der Erde sichtbar sein, wie etwa in der Leier ⟨die Wega⟩ oder der Arkturus und die übrigen, welche du auf der Arachne eingezeichnet findest. Denn bei jedem eingetragenen Stern steht die ihm zugehörige Sternspitze/Dorn.[18]

2. Wollen wir nun in der Nacht die Stunde ermitteln, muss man einen der auf der Arachne angebrachten Sterne anvisieren, der über der Erde sichtbar ist. Die Anvisierung geschieht nun folgendermassen: Wir heben das Instrument am Aufhänger hoch und halten es über unserem Auge, dann richten wir die in 90 Grad eingeteilte Seite des Instrumentes nach dem anvisierten Stern, so dass sie möglichst in derselben Ebene liegt wie der Stern. Dann

---

17   Die Zahl von 17 eingetragenen Fixsternen ist bei zahlreichen späteren Astrolabien belegt, so bei einem gotischen Astrolabium aus Spanien aus dem 14. Jh. (London, Society of Antiquaries); sie dürfte damit zusammenhängen, dass im Fixsternkatalog des Ptolemaios genau 17 Sterne erster Grössenordnung angeführt sind.

18   Hier und gleich unten sind mit *moirognomonion* offenbar die Sternzeiger bzw. Sternspitzen/Dornen gemeint, welche bei jedem Fixstern auf der Arachne die Position angeben.

ἐπιπέδῳ τοῦ ἀστέρος αὐτήν, ὡς ἐνδέχεται μάλιστα, κεῖσθαι. εἶτα τὸ ὄμμα ὑποθέντες κατὰ τὴν δίοπτραν, περιάγομεν αὐτὴν ἠρέμα τῇδε κἀκεῖσε, μέχρις ἂν ἡ τοῦ ὄμματος ἀκτὶς διὰ τῆς ὀπῆς τοῦ κάτω συστηματίου προσβάλλουσα τῇ ὀπῇ τοῦ ἄνω συστηματίου δι' ἀμφοῖν ἅμα τὸν ἀστέρα θεάσηται· 3. ἔνθα καὶ ἀκριβείας πλείονος χρεία, μὴ παρατρέψαντες τὸ ὄμμα λάθωμεν ἑαυτοὺς ἔξωθεν τῶν συστηματίων θεασάμενοι τὸν ἀστέρα καὶ μὴ δι' αὐτῶν. διὸ δεῖ μύοντας τὸν ἕτερον ὀφθαλμὸν θατέρῳ μόνῳ διοπτεύειν, μὴ πλάνη τις, ἣν εἰρήκαμεν, γένηται. 4. διοπτεύσαντες οὖν τὸν ἀστέρα σκοποῦμεν τὴν μοῖραν, ἐν ᾗ τὸ μοιρογνωμόνιον τῆς διόπτρας ἔπεσε, πόση ἐστὶν ἀπὸ τοῦ ὁρίζοντος, ὁμοίως τοῖς ἐπὶ τοῦ ἡλίου γινομένοις, καὶ ταύτην σημειούμεθα. 5. εἶτα ζητήσαντες τὸ κλίμα, ἐν ᾧ ὄντες διωπτεύσαμεν,[99] τὸν ὁμοταγῆ τε καὶ ἰσάριθμον ἐν αὐτῷ παράλληλον τῇ διοπτευθείσῃ μοίρᾳ σημειούμεθα πάλιν μέλανι. εἰ μὲν οὖν ὁ διοπτευθεὶς ἀστὴρ ἐν τῷ πρὸ[100] τοῦ μεσημβρινοῦ τεταρτημορίῳ τυγχάνει ὤν, ἀπὸ τῆς ἀνατολῆς δεῖ τὸν παράλληλον σημειοῦσθαι· εἰ δὲ μετὰ μεσημβρίαν, ἀπὸ δύσεως, παραπλησίως τοῖς ἐπὶ τοῦ ἡλίου γεγενημένοις· 6. εἶτα τὴν ἀράχνην ἁρμόσαντες ἐν ᾧ διωπτεύσαμεν ὄντες κλίματι, ζητοῦμεν ἐν αὐτῇ τὸν διοπτευθέντα ἀστέρα· οἷον φέρε εἰπεῖν τὸν λυραῖον ἢ τὸν στάχυν ἢ ἄλλον τινά· καὶ τούτου γενομένου, περιάγομεν τὴν ἀράχνην, ὡς ἂν τὸ τούτου τοῦ ἀστέρος μοιρογνωμόνιον ἐφάψηται τοῦ παραλλήλου κύκλου, ἐφ' ᾧ διώπτευται ὤν[101] ὁ ἀστήρ, ὃν καὶ ἐσημειωσάμεθα. 7. εἶτα λαβόντες ἐξ ἐφημερίδος τὴν τοῦ ἡλίου μοῖραν, ἐν ᾗ τυγχάνει ὢν τότε ὁ ἥλιος, ἢ καὶ ἐκ τῆς μετ' ὀλίγον λεχθησομένης ἡμῖν μεθόδου, αὐτόθεν εὑρήσομεν αὐτὴν οὖσαν ἐν τῷ ἡμικυκλίῳ τοῦ τυμπάνου, ἐν ᾧ αἱ ὧραι κατεγράφησαν. 8. σημειωσάμενοι οὖν μέλανι καὶ ἀριθμήσαντες τὰς ὥρας ἀπὸ

---

99 sic F, anon. Bon.: διοπτεύσαμεν D, ὃν τ' ἐδιοπτεύσαμεν cett. | **100** πρὸ add. CDF, om. cett. | **101** sic F: διοπτεύεται ὢν D, διοπτεύεται cett., Hase

halten wir das Auge unten an das Diopter, drehen dieses sachte auf und ab, bis der Sehstrahl des Auges durch das Visierloch des unteren Plättchens und durch das Visierloch des oberen Plättchens geht und durch beide auf den ⟨betreffenden⟩ Stern trifft.[19] **3.** Dabei bedarf es grosser Sorgfalt, damit wir nicht das Auge vorbei lenken und unbemerkt an den Plättchen vorbei auf den Stern schauen statt durch diese hindurch. Daher muss man ein Auge schliessen und nur mit dem anderen beobachten, damit nicht der genannte Irrtum entsteht. **4.** Haben wir nun den Stern anvisiert, achten wir auf den Grad, auf welchen der Gradzeiger des Diopters gefallen ist, wie weit er über dem Horizont steht, genau gleich wie es bei der Beobachtung der Sonne geschieht, und markieren diesen. **5.** Dann nehmen wir ⟨die Scheibe für⟩ das Klima, in welchem wir die Beobachtung gemacht haben, und markieren darauf wieder mit Tinte den entsprechenden Parallelkreis mit der gleichen Zahl wie der anvisierte Grad; und zwar, wenn der anvisierte Stern etwa im Quadrant vor dem Meridian sich befindet, muss man den Parallelkreis von Osten her kennzeichnen, wenn aber nach dem Meridian, dann den von Westen her, ganz entsprechend, wie es bei der Sonnenbeobachtung geschehen ist. **6.** Dann legen wir die Arachne auf die Scheibe für das Klima, in welchem wir beobachtet haben, und suchen auf ihr den anvisierten Stern, wie zum Beispiel den Stern der Leier (Wega), die Spica oder einen anderen. Ist dies geschehen, drehen wir die Arachne, bis die Spitze eben dieses Sternes den Parallelkreis berührt, auf welchem der Stern beobachtet worden ist und den wir markiert haben. **7.** Dann entnehmen wir den Ephemeriden den Grad der Sonne ⟨auf der Ekliptik⟩, den diese zu diesem Zeitpunkt gerade einnimmt (oder nach der Methode, die wir gleich vorführen werden), und werden sogleich feststellen, dass dieser Grad sich auf dem Halbkreis der Einlagescheibe befindet, auf welchem die Stunden⟨linien⟩ eingezeichnet sind. **8.** Dann markieren wir diesen mit Tinte und zählen die Stunden vom Westen/Untergang her und machen das Übrige genau gleich wie bei der Sonnenbeobachtung, und werden so die zu diesem

---

19 In der Antike wurde verschiedentlich die Auffassung vertreten, dass vom Auge ein Sehstrahl ausgeht (vgl. etwa Plat. *Tim.* 45 c).

δύσεως καὶ τὰ λοιπὰ ποιήσαντες ὁμοίως τοῖς ἐπὶ τοῦ ἡλίου, τάς τε διηνυσμένας τότε νυκτερινὰς ὥρας καὶ τὸ μόριον, εἰ οὕτω τύχοι, εὑρήσομεν. ὡσαύτως δὲ καὶ τὰ τέσσαρα κέντρα αὐτόθεν ὀψόμεθα κείμενα ἐπὶ τῶν οἰκείων τόπων.[102]

144 H.   9. Πῶς δεῖ γνῶναι, πότερον πρὸ τοῦ μεσημβρινοῦ διώπτευται[103]
ὁ ἥλιος ἢ τῶν ἀπλανῶν ἀστέρων ἕκαστος ⟨ἢ⟩[104] ἐν αὐτῷ ἢ μετ᾽
αὐτόν· καὶ πῶς ἑκάστης τῶν ἐν τῷ ζῳδιακῷ μοίρας τὸ μέγιστον
ἔστι λαβεῖν ὕψωμα.

1. Εἰ μὲν οὖν πρὸ τοῦ μεσημβρινοῦ[105] κύκλου πλεῖστον διειστήκει ἢ μετὰ τὸν μεσημβρινὸν ὁ διοπτευόμενος ἀστὴρ ἢ ὁ ἥλιος, ῥᾳδία γίνεται ἡ διάγνωσις ἐκ τῆς αἰσθήσεως, ποίοις τμήμασι τῶν παραλλήλων χρησόμεθα, πότερον τοῖς πρὸ μεσημβρίας ἢ τοῖς μετὰ μεσημβρίαν. 2. οὐδὲ γὰρ, εἰ πολὺ πρὸς τῷ ἀνατολικῷ νένευκεν ὁρίζοντι ἢ πολὺ πρὸς τῷ δυτικῷ, πλάνη γίνεται, πότερον πρὸ μεσημβρίας ἐστὶν ἢ μετὰ μεσημβρίαν ὁ διοπτευθεὶς ἀστὴρ ἢ ὁ ἥλιος. 3. εἰ δὲ σύνεγγυς εἴη λίαν τοῦ μεσουρανοῦ, ἄδηλον ἔσται, πότερον πρὸ τοῦ μεσημβρινοῦ ἐστὶν ἢ μετὰ τὸν μεσημβρινόν. διακρίνομεν δὲ καὶ τοῦτο τὸν τρόπον τοῦτον.

4. Εἰ τὸν ἥλιον διοπτεύσαμεν, δεῖ ζητεῖν, πόστον ὑψοῦται κατ᾽ ἐκείνην τὴν ἡμέραν τὸ μέγιστον, καθ᾽ ἣν διωπτεύσαμεν. ἵνα δὲ τοῦτο γνῶμεν, δεῖ λαβεῖν τὸ ζῴδιον καὶ τὴν μοῖραν, ἐν ᾗ ἐστιν ὁ ἥλιος καθ᾽ ἐκείνην τὴν ἡμέραν, ὥσπερ νῦν τὴν εἰκοστὴν τοῦ κριοῦ, καὶ σημειωσαμένους[106] ἐν τῇ ἀράχνῃ μέλανι ταύτην τὴν μοῖραν, περιάγειν αὐτήν, μέχρις ἂν ἐπιψαύσῃ τῆς τοῦ μεσημβρινοῦ γραμμῆς· εἶτα ζητεῖν πόστῳ παραλλήλῳ ἐφήρμοσε, καὶ τοῦτο λέγειν τὸ μέγιστον ἀπὸ γῆς ὕψωμα τοῦ ἡλίου ἐν τῇ εἰκοστῇ μοίρᾳ

---

102 sic F: ἐπὶ τὸν οἰκεῖον τόπον cett., Hase | 103 sic DF: διοπτεύεται C: διοπτευθείς ... ἐστιν AB, Hase | 104 add. anon. Bon. | 105 sic hic et infra saepius DF: μεσουρανοῦ AB, Hase; utrumque in codd. saepius non verbo sed signo indicatur | 106 sic corr. anon. Bon.: σημειωσάμενοι codd.

Zeitpunkt vergangenen Nachtstunden und, wenn es sich trifft, den Bruchteil finden. Ebenso werden wir auch die vier Kardinalpunkte an ihren passenden Orten liegen sehen.

[3. Weitere Anwendungsmöglichkeiten des Instrumentes: 9-15]

9. Wie zu erkennen ist, ob die Sonne oder der jeweilige Fixstern bei der Beobachtung vor dem Meridian, auf ihm oder nach ihm steht; und wie für jeden Grad des Zodiakos die maximale Höhe zu ermitteln ist

1. Wenn nun der beobachtete Stern oder die Sonne in weitem Abstand vor oder nach dem Meridiankreis[20] steht, ist auf Grund der Wahrnehmung die Entscheidung leicht, welche Abschnitte der Parallelkreise wir gebrauchen sollen, ob die vor Mittag oder die nach Mittag. 2. Auch wird man sich nicht irren können, wenn er stark zum Ost- oder Westhorizont hingeneigt ist, ob sich der beobachtete Stern oder die Sonne im vormittäglichen oder nachmittäglichen Sektor befindet. 3. Wenn er sich aber ganz nahe an der Himmelsmitte befinden sollte, wird es unklar sein, ob er vor oder nach dem Meridian steht. Wir treffen in diesem Fall die Entscheidung auf folgende Weise:

4. Wenn wir die Sonne beobachtet haben, muss man nachsehen, wie hoch sich die Sonne maximal erhebt an jenem Tag, an welchem wir die Beobachtung gemacht haben. Um dies zu erkennen, muss man das betreffende Tierkreiszeichen und den Grad nehmen, an welchem die Sonne an jenem betreffenden Tag steht, wie in unserem Beispiel den 20. Grad des Widders, und diesen Grad auf der Arachne mit Tinte markieren, dann die Arachne drehen, bis sie die Meridianlinie berührt; dann muss man ablesen, auf den wievielten Parallelkreis dieser Punkt fällt, und diesen muss man für die maximale Erhebung der Sonne über die Erde

---

20 Da mit dem Instrument allein die Meridianlinie nicht direkt feststellbar ist und die gesuchten Himmelskörper vor und nach dem Meridiandurchgang dieselben Höhen durchlaufen, ist das folgende recht umständliche Vorgehen nötig.

τοῦ κριοῦ ὄντος. 5. τούτου δὲ γενομένου, εἰ μὲν διοπτευθεὶς ὁ ἥλιος ἐπὶ ταύτης εὕρηται τῆς μοίρας, λέγω δὴ τοῦ μεγίστου ὑψώματος, δῆλον ὡς ἐπ' αὐτοῦ τοῦ μεσημβρινοῦ τετύχηκεν ὤν· εἰ δὲ ἐλαττόνων διώπτευται μοιρῶν, πρὸ μεσημβρίας ἢ μετὰ μεσημβρίαν ὑπῆρχεν. 6. ἵνα οὖν τοῦτο γνῶμεν, μικρὸν ἐπισχόντες πάλιν διοπτεύσομεν, καὶ εἰ μὲν πλείονα τῶν μοιρῶν γενόμενον εὕρωμεν ἀριθμόν, δῆλον ὅτι πρὸ μεσημβρίας ἦν, ὅτε πρῶτον διώπτευται· εἰ δ' ἐλάττονα, μετὰ μεσημβρίαν.

7. Καὶ ἄλλως· εἰ διοπτεύσαντες τὸν ἥλιον εὕρομεν αὐτόν, εἰ τύχοι, μοιρῶν $\overline{ο}$ τοῦ ὁρίζοντος ὑψωθέντα, εἶτα οὐχ οἷοί τε ὦμεν ἐκ τῆς αἰσθήσεως διακρῖναι, πότερον πρὸ μεσημβρίας ἐστὶν ἢ μετὰ μεσημβρίαν, δεῖ περιμείναντας ὁμοίως βραχύ τι πάλιν διοπτεῦσαι· καὶ εἰ μὲν προσέθηκε τυχὸν καὶ γέγονεν $\overline{οα}$, εὔδηλον ὡς πρὸ μεσημβρίας πρότερον διώπτευται ὁ ἥλιος ὤν· εἰ δὲ ἀφεῖλε καὶ γέγονε τυχὸν $\overline{ξθ}$, δῆλον ὅτι πρότερον, ὅτε διωπτεύθη, μετὰ μεσημβρίαν ἦν. 8. ἵν' οὖν τοῦτο γνῶμεν, δεῖ ἀπὸ δύσεως τὴν τῶν παραλλήλων ἀπαρίθμησιν ποιεῖσθαι, οὓς[107] πρῶτον διωπτεύθη τοῦ ὁρίζοντος ἐπηρμένος, ὡς ὑπόκειται νῦν, τῶν $\overline{ο}$· εἶτα ἐφαρμόζειν τὴν ἐν τῇ ἀράχνῃ τοῦ ζῳδίου μοῖραν, ἐν ᾗ[108] τυγχάνει τότε ὢν ὁ ἥλιος, κατὰ τὸν διοπτευθέντα παράλληλον, ὥσπερ νῦν τὸν ἀπὸ δύσεως ἑβδομηκοστόν. 9. καὶ εἰ μὲν ἐν αὐτῷ εἴη τῷ μεσουρανῷ διοπτευθείς, δῆλον ὡς ἐπ' αὐτῆς πεσεῖται τῆς γραμμῆς ἡ τοῦ ἡλίου μοῖρα τῆς τῷ μεσημβρινῷ ἀναλογούσης, ἢ καὶ τοὺς παραλλήλους τέμνει· εἰ δὲ μετὰ μεσημβρίαν, παραλλάξει ταύτην ὡς ἐπὶ δύσιν.[109] Ταῦτα μὲν ἐπὶ τοῦ ἡλίου.

10. Καὶ ἐπὶ τῶν ἀστέρων δὲ τοῖς αὐτοῖς πάλιν χρησόμεθα τρόποις, ζητοῦντες πόσον ὁ διοπτευθεὶς ἀστήρ, ἐν ᾧ διοπτεύεται κλίματι, τὸ μέγιστον ὑψοῦται. τοῦτο δὲ γνωσόμεθα οὕτω· τὸ μοιρογνωμόνιον αὐτοῦ τῇ ἀναλογούσῃ εὐθείᾳ τῷ μεσημβρινῷ ἐφαρμόζοντες καὶ σκοποῦντες, πόστῳ παραλλήλῳ, εἰ κατ' αὐτὴν τὴν τοῦ μεσημβρινοῦ γραμμὴν ἐφήρμοσε, τοσοῦτον αὐτοῦ λέγειν

---

107 sic C, Tan.: ὃς cett. | **108** corr. anon. Bon: ᾧ codd. | **109** corr. Huet.: δύσεως codd.

ansehen, wenn sie im 20. Grad des Widders steht. **5.** Wenn nun nach dieser Massnahme die anvisierte Sonne ⟨auf der Diopterseite⟩ bei diesem Grad gefunden wird, d.h. bei der maximalen Erhebung, ist klar, dass sie sich gerade auf dem Meridian selbst befindet; wenn die Beobachtung aber eine geringere Höhe ergeben hat, stand sie vor oder nach dem Mittag. **6.** Um auch dies zu entscheiden, warten wir kurze Zeit ab und beobachten nochmals; und wenn wir dann einen höheren Gradwert finden, ist es klar, dass die vorige Beobachtung vor dem Mittag war, wenn einen kleineren, dann nach dem Mittag.

7. Oder ein anderes Beispiel: Wenn wir bei der Beobachtung feststellen, dass die Sonne beispielsweise 70 Grad über dem Horizont steht, und wir dann auf Grund der Wahrnehmung nicht entscheiden könnten, ob es vor Mittag ist oder nach Mittag, muss man ebenfalls einen Moment abwarten und nochmals anvisieren; wenn sie dann z.B. auf 71 Grad gestiegen ist, ist klar, dass die Sonne vorher vor dem Mittag beobachtet wurde; wenn die Höhe dagegen abgenommen und z.B. auf 69 Grad gesunken ist, ist klar, dass sie vorher nach dem Mittag beobachtet wurde. **8.** Um dies nun zu erkennen, muss man von Westen her die Parallelkreise zählen, über welche sie sich bei der ersten Beobachtung über den Horizont erhoben hatte, in unserem Beispiel also der 70ste. Dann muss man auf der Arachne den Grad des Tierkreiszeichens, auf dem sich die Sonne zu diesem Zeitpunkt gerade befindet, auf den beobachteten Parallelkreis verschieben, in unserem Beispiel auf den 70. von Westen her. **9.** Wenn nun die Beobachtung genau am Mittag gemacht worden ist, dann wird selbstverständlich der ⟨beobachtete⟩ Grad der Sonne auf die Linie fallen, welche dem Meridian entspricht, welche auch die Parallelkreise halbiert; wenn aber nach Mittag, verschiebt er sich nach dem Westen hin. Soviel zur Sonnenbeobachtung.

10. Bei der Beobachtung der Sterne dagegen werden wir in gleicher Weise vorgehen: Wir ermitteln, wie hoch der beobachtete Stern im Klima, in welchem beobachtet wird, sich maximal ⟨über den Horizont⟩ erhebt. Dies erkennen wir folgendermassen: Wir verschieben dessen Spitze auf die dem Meridian entsprechende Linie und schauen, auf dem wievielten Parallelkreis dieser liegt; wenn er ⟨nämlich⟩ genau auf der Meridianlinie liegt, muss man

κατ' ἐκεῖνο τὸ κλίμα τὸ μέγιστον ὕψωμα· καὶ τὰ λοιπὰ ποιεῖν ὅσα καὶ ἐπὶ τοῦ ἡλίου γίνεσθαι διετάξαμεν. **11.** καὶ τῷ δευτέρῳ δὲ τρόπῳ κἀνταῦθα χρηστέον. βραχὺ γὰρ πάλιν δεῖ διαλιπεῖν, εἶτα διοπτεύειν καὶ τὰ λοιπὰ ὡσαύτως ποιεῖν. πάλιν γὰρ εἰ μετ' ὀλίγον διοπτεύσαντες τὸν ἀστέρα ἐλάττονα μοιρῶν εὕρομεν τὸν ἀριθμόν, ...[110] τὸ τοῦ διοπτευθέντος ἀστέρος μοιρογνωμόνιον ἁρμόσαντες τῷ ἀριθμῷ τοῦ παραλλήλου, ἐφ' ᾧ κατείληπται ἐν τῇ πρώτῃ διοπτείᾳ ὤν, ἀπὸ δύσεως, ὡς εἶπον, τὴν ἀπαρίθμησιν τῶν παραλλήλων ποιούμενοι. **12.** εἰ μὲν εὕρομεν ἐπ' αὐτῆς τῆς τῷ μεσημβρινῷ ἀναλογούσης γραμμῆς πίπτον τὸ τοῦ ἀστέρος μοιρογνωμόνιον, | φαμὲν αὐτὸν ἐπ' αὐτοῦ τοῦ μεσημβρινοῦ διοπτευθῆναι, εἰ δὲ ταύτης ὡς ἐπὶ δύσιν παραλλάξασαν, μετὰ μεσημβρίαν.

13. Ἐκ δὲ τῶν εἰρημένων δῆλόν ἐστιν, πῶς οἷόν τέ ἐστιν ἑκάστης μοίρας ζῳδίου τὸ μέγιστον λαβεῖν ὕψωμα καθ' ἕκαστον κλίμα. δεῖ γὰρ τὴν ἀράχνην ἐν τῷ τυμπάνῳ τοῦ ζητουμένου κλίματος ἐπιτιθέντας, εἶτα τὴν μοῖραν ἐκείνην, ἧς τὸ ὕψωμα λαβεῖν βουλόμεθα, περιάγειν μέχρις ἂν ἐπιψαύσῃ τῆς τοῦ μεσημβρινοῦ γραμμῆς· καὶ αὐτόθεν εὑρήσομεν καὶ τὴν ἐπιγραφὴν καταγεγραμμένην τοῦ τῶν μοιρῶν ὑψώματος. οὕτως οὖν καὶ τὸ ὕψωμα ἑκάστης μοίρας εὑρεῖν δυνησόμεθα. τοῦτο δέ ἐστι γινώσκειν τὴν μεσημβρινὴν καθ' ἕκαστον κλίμα ⟨θέσιν⟩.[111]

---

110 quaedam excidisse suspicor | **111** add. ACF, Tan.: om. cett., Hase

dies für seine maximale Höhe im betreffenden Klima halten; im Übrigen muss man so verfahren, wie wir es bei der Sonnenbeobachtung vorgeschrieben haben.[21] **11.** Man kann auch hier das zweite Vorgehen anwenden: Man muss wieder eine kurze Zeit verstreichen lassen und dann wieder beobachten und in gleicher Weise weiter vorgehen: Wenn wir nämlich kurz nachher den Stern wieder anvisieren und einen kleineren Gradwert finden, ⟨steht er auf der Westhälfte⟩.[22] Dann verschieben wir die Spitze des anvisierten Sternes auf den Parallelkreis mit der Zahl, auf welchem er bei der ersten Beobachtung festgestellt wurde (wir zählen – wie gesagt – die Parallelkreise von Westen her): **12.** Wenn sich nun zeigt, dass die Sternspitze genau auf die Linie fällt, welche dem Meridian entspricht, sagen wir, dass er genau auf dem Meridian beobachtet worden ist; wenn sie aber gegen Westen davon abweicht, nach dem Mittag.

13. Aus dem Gesagten wird klar, auf welche Weise es möglich ist, die maximale Höhe eines jeden Grades des Zodiakos für jedes Klima zu ermitteln. Man muss nämlich die Arachne auf das Tympanon mit dem gewünschten Klima legen, dann den Grad ⟨auf der Arachne⟩, dessen Höhe wir erfassen wollen, herumdrehen, bis er die Meridianlinie berührt; und dort werden wir den Gradwert der Höhe ⟨über dem Horizont⟩ eingetragen finden. So werden wir also die Höhe ⟨über dem Horizont⟩ eines jeden Grades ⟨des Zodiakos⟩ finden können, das heisst, die Stellung der Meridianlinie für jedes Klima feststellen können.

---

21 D.h. man muss zuerst den Stern mit dem Diopter anvisieren und die momentane Höhe über dem Horizont feststellen.
22 Offenbar eine Lücke im Text.

10. Πῶς ἔστιν εὑρεῖν, πόσοις ἰσημερινοῖς χρόνοις ἓν ἕκαστον ζώδιον ἀναφέρεται καὶ πόσοις δύνει.

1. Καὶ ἄλλην δὲ χρῆσιν[112] τοῦ ὀργάνου προσθήσομεν.[113] εὑρήσομεν γὰρ δι' αὐτοῦ, πόσοις χρόνοις ἰσημερινοῖς καθ' ἕκαστον κλίμα τῶν ζωδίων ἕκαστον ἐκ τοῦ ἀνατολικοῦ ὁρίζοντος ὑπὲρ γῆν ἀναφέρεται, καὶ πόσοις πάλιν καταδύεται. 2. ἰστέον δὲ πρῶτον, ὅτι ἐν τῷ μέρει τοῦ ὀργάνου, ἐν ᾧ τὰ τύμπανα ἐμβάλλεται καὶ ἡ ἀράχνη ἐπιτίθεται, ὃ καὶ δοχεῖον τῶν τυμπάνων καλεῖν εἰώθησαν, ἐπανέστηκέ τις περιφέρεια διῃρημένη, ὡς καὶ πρότερον εἶπον, εἰς τ̄ξ̄ μοίρας, αἵτινες ἀναλογοῦσι ταῖς τοῦ ἰσημερινοῦ τομαῖς, ἃς καὶ χρόνους ἰσημερινοὺς καλοῦσιν. 3. ἁρμοζομένου δὲ τοῦ παντὸς ὀργάνου συνεχὴς πως γίνεται ἡ ἐπανεστηκυῖα περιφέρεια τῷ ἐπιπέδῳ τοῦ ἔξωθεν ἐπικειμένου[114] τυμπάνου, ὡς ἐν τρόπον τινὰ τὸ πᾶν ἐπίπεδον γίνεσθαι. 4. καὶ γὰρ ἐν τοῖς μονομοιριαίοις ὀργάνοις, ἐν οἷς οὐκ ἔστιν ὡς ἐπὶ τὸ πολὺ δοχεῖον, ἀλλ' ἕκαστον τύμπανον αὐτὸ καθ' ἑαυτὸ διῃρημένον ἐστὶ δι' αὐτὸ τὸ μέγεθος, καὶ οὐχ ἑτέρῳ ἐπικείμενον, οὐκ ἐπανέστηκε μὲν ὅλως ἡ εἰρημένη περιφέρεια. ἐν ἑκάστῳ δὲ πέρατι τυμπάνου, τουτέστι τῇ περιμέτρῳ αὐτῶν, οἱ εἰρημένοι τ̄ξ̄ ἰσημερινοὶ χρό|νοι καταγεγραμμένοι εἰσίν· ἐν οἷς καὶ τὸ τῆς ἀράχνης μοιρογνωμόνιον πίπτει.

⟨Ὑπόδειγμα⟩[115]

5. Ὑποκείσθω οὖν ζητεῖν ἡμᾶς, ἐν πόσοις ἰσημερινοῖς χρόνοις ὁ σκορπίος τυχὸν ἐν τῷ τρίτῳ κλίματι ἀναφέρεται. δεῖ οὖν ἐν

---

112 sic F: χρείαν cett., Hase | 113 hic desinit C | 114 sic D m. pr., A in marg., Hase: ἐπιτεθεμένου D m. sec., cett. | 115 add. Hase sec. AB, om. cett.

10. Wie man herausfinden kann, während wie vielen äquinoktialen Zeitgraden jedes Tierkreiszeichen aufgeht und während wie vielen es untergeht[23]

1. Noch eine andere Anwendung des Instrumentes wollen wir hinzufügen: Wir werden nämlich aus ihm erfahren, während wie vielen äquinoktialen Zeitgraden in jedem Klima jedes Tierkreiszeichen sich vom Osthorizont her über die Erde erhebt, und während wie vielen es wiederum untergeht. 2. Zunächst muss man wissen, dass auf dem Teil des Instrumentes, in welchen die Tympana und darauf die Arachne eingelegt werden – man nennt ihn gewöhnlich ‚Behälter der Tympana'[24] – sich ein gewisser Peripherie⟨ring⟩ befindet, der, wie ich früher gesagt habe, in 360 Grade eingeteilt ist,[25] welche der Unterteilung des Äquators entsprechen; man nennt sie auch Äquinoktialzeiten. 3. Ist das ganze Instrument ⟨mit allen Tympana⟩ zusammengesetzt, dann fügt sich dieser Peripherie⟨ring⟩ an die Ebene des obersten Tympanons, so dass sie gewissermassen eine einzige Ebene bilden. 4. Denn auch bei den eingradteiligen Instrumenten, bei denen es meistens keinen Behälter gibt, sondern jedes Tympanon für sich unterteilt ist wegen seiner Grösse, und dieses nicht auf einem anderen liegt, gibt es zwar überhaupt keinen solchen eben beschriebenen Peripherie⟨ring⟩. Dafür sind aber am Rand jedes Tympanons, d.h. an ihrer Umkreislinie, die genannten 360 Zeitgrade eingetragen, auf welche auch der Zeiger der Arachne fällt.

⟨Ein Beispiel⟩

5. Angenommen, wir suchen zu erfahren, in wie vielen äquinoktialen Zeitgraden etwa der Skorpion im 3. Klima

---

23 *chronoi isemerinoi* = Zeitgrade, d.h. dass von den 360 Graden auf eine Äquinoktialstunde 15 Grade (= *chronoi*) fallen; 1 Grad entspricht so 4 Minuten. Vgl. dazu Ptol., *Hypoth. plan.* 1,3.
24 *docheion*, später die Mater bzw. Matrix.
25 S. oben 6,9.

τούτῳ τῷ κλίματι τὴν ἀράχνην ἐπιτιθέναι· εἶτα τὴν πρώτην τοῦ
σκορπίου μοῖραν ἁρμόζειν τῷ πρώτῳ ἐξ ἀνατολῆς παραλλήλῳ·
εἶτα ζητεῖν τὸ ἐν τῷ τέλει τῆς ἀράχνης μοιρογνωμόνιον· κεῖται δὲ
κατὰ τὸν ἔξωθεν αὐτῆς κύκλον τὸν ἡμίτομον· ποίᾳ μοίρᾳ τοῦ
εἰρημένου κύκλου ἐφήρμοσεν, ὃν ἔφαμεν εἰς τ̄ξ̄ μοίρας διῃρῆσθαι,   5
αἳ καὶ ἰσημερινοὶ χρόνοι καλοῦνται, καὶ ταύτην σημειοῦσθαι·
6. εἶτα περιάγειν τὴν ἀράχνην, μέχρις ἂν ἡ ἐσχάτη τοῦ σκορπίου
μοῖρα, τουτέστιν ἡ τριακοστή, ἐπανεχθῇ καὶ ἐφαρμόσῃ τῷ πρώτῳ
ἐξ ἀνατολῆς παραλλήλῳ· εἶτα πάλιν ζητεῖν τὸ εἰρημένον μοιρογνωμόνιον, ποίᾳ μοίρᾳ τοῦ αὐτοῦ κύκλου ἐφήρμοσε, καὶ σημειοῦ-   10
σθαι καὶ ταύτην· εἶτα μετρεῖν τὰς πάσας ἀπὸ τῆς ἐξ ἀρχῆς σημει-
ώσεως μέχρι τῆς ὕστερον, καὶ ὅσους[116] ἂν εὕρωμεν τῶν τ̄ξ̄ χρόνων
διεληλυθὸς τὸ μοιρογνωμόνιον ἐν πάσῃ τῇ τοῦ σκορπίου ἀναφορᾷ,
ἐν τοσούτοις λέγειν αὐτὸν ἰσημερινοῖς χρόνοις ἐπαναφέρεσθαι.
7. τὸ αὐτὸ καὶ ἐπὶ τῶν λοιπῶν ἑκάστου. οὕτως οὖν γνωσόμεθα καὶ   15
ἕκαστον ζῴδιον καθ' ἕκαστον κλίμα ἐν πόσοις ἰσημερινοῖς χρόνοις
ἀναφέρεται. 8. τὸν αὐτὸν δὲ τρόπον εὑρήσομεν καὶ πόσοις ἰσημερινοῖς χρόνοις ἕκαστον καταδύεται,[117] τὴν πρώτην ὁμοίως τοῦ
ζητουμένου ζῳδίου μοῖραν ἁρμόσαντες τῷ ἐσχάτῳ παραλλήλῳ
πρὸς δύσιν, καὶ σημειωσάμενοι τὴν μοῖραν, ἐν ᾗ τὸ ἔξωθεν τῆς   20
ἀράχνης μοιρογνωμόνιον ἔπεσεν· εἶτα πάλιν περιάγοντες καὶ τὴν
τριακοστὴν αὐτοῦ μοῖραν εἰς τὸν αὐτὸν δυτικὸν ὁρίζοντα θέντες,
τουτέστι τὸν ἔσχατον παράλληλον, καὶ πάλιν τὸ τῆς ἀράχνης
μοιρογνωμόνιον ἐπισκοπήσαντες ποῦ πέπτωκε, καὶ ἀριθμήσαντες, πόσους διελήλυθεν ἰσημερινοὺς χρόνους ἐν πάσῃ τοῦ ζῳδίου   25
καταφορᾷ, ἐροῦμεν ἐν τοσούτοις χρόνοις τὸ ζῴδιον κατελθεῖν ὑπὸ
γῆν.

116 sic corr. D m. sec., F: ὅσον cett. | 117 pro τὸν αὐτὸν δὲ τρόπον ...
ἕκαστον καταδύεται F brevius καὶ πόσοις αὖ καταδύεται

aufgeht:[26] Man muss nun ⟨erstens⟩ die Arachne auf diese Klimascheibe legen. Dann muss man den 1. Grad des Skorpions auf den 1. Parallelkreis (bzw. den Horizontkreis) von Osten her schieben. Dann achten wir am Rand der Arachne auf die Zeigerspitze – sie liegt im Halbkreis ausserhalb der Arachne, – auf welchen Grad beim genannten Kreis sie passt, der, wie gesagt, in 360 Grade geteilt ist, welche Äquinoktialzeiten genannt werden, und markieren diesen. **6.** Dann drehen wir die Arachne, bis der letzte Grad des Skorpions, d.h. der 30., heraufkommt und auf den ersten Parallelkreis von Osten her zu liegen kommt. Dann achten wir wieder auf die genannte Zeigerspitze, auf welchen Grad desselben Kreises sie fällt, und markieren auch diesen. Dann zählen wir alle Grade von der ersten zur späteren Markierung, und wie viele von den 360 Graden nach unserem Befund die Zeigerspitze während dem ganzen Aufgang des Skorpions durchlaufen hat, in so vielen äquinoktialen Zeitgraden ist er somit aufgegangen. **7.** Gleiches gilt für alle übrigen ⟨Tierkreiszeichen⟩. So können wir bei jedem Tierkreiszeichen für jedes Klima erkennen, in wie vielen äquinoktialen Zeitgraden es aufgeht. **8.** Auf dieselbe Weise werden wir auch herausfinden, in wie vielen äquinoktialen Zeitgraden jedes untergeht, indem wir ebenfalls den ersten Grad des gesuchten Tierkreiszeichens auf den äussersten Parallelkreis gegen Westen verschieben und den Grad markieren, auf welchen die Zeigerspitze ausserhalb der Arachne fällt. Dann drehen wir ⟨die Arachne⟩ wieder und schieben den 30. Grad ⟨des betreffenden Tierkreiszeichens⟩ auf denselben westlichen Horizontkreis, d.h. auf den äussersten Parallelkreis. Und wieder achten wir, worauf die Zeigerspitze der Arachne fällt und zählen die äquinoktialen Zeigrade, welche sie während dem ganzen Untergang des Zeichens durchlaufen hat, und in so vielen Zeitgraden ist es, werden wir sagen, unter die Erde getaucht.

---

26 Vorausgesetzt ist die verbreitete Einteilung in 7 Klimata; das 3. Klima ist dasjenige mit dem Referenzort Alexandria (31° N), dem Wirkungsort des Philoponos. Vgl. auch oben Anm. 8.

148 H.   11. Πῶς ἑκάστης ἡμέρας καὶ νυκτὸς καιρικὴν ὥραν εὑρήσομεν·
ὁμοίως πόσων ἐστὶν ἰσημερινῶν χρόνων.[118]

1. Τῇ αὐτῇ δὲ μεθόδῳ καὶ ἑκάστην ἡμέραν καιρικήν, πόσων ἐστὶν ἰσημερινῶν ὡρῶν,[119] εὑρεῖν, ⟨ὁμοίως δὲ καὶ ἑκάστην ὥραν καιρικήν, πόσων ἐστὶ χρόνων ἰσημερινῶν, δυνατόν ἐστιν⟩.[120] ἵνα δὲ τοῦτο γνῶμεν, δεῖ πάλιν λαβεῖν τὴν μοῖραν, ἐν ᾗ ἐστιν ὁ ἥλιος, καὶ ταύτην ἐφαρμόζειν τῷ πρώτῳ ἐξ ἀνατολῆς παραλλήλῳ· εἶτα σημειοῦσθαι τὴν μοῖραν, ἐν ᾗ τὸ ἐν τῇ ἀράχνῃ μοιρογνωμόνιον πίπτει· 2. εἶτα περιάγειν τὴν ἀράχνην, μέχρις ἂν ἡ μοῖρα τοῦ ἡλίου ἐν τῷ τελευταίῳ κατὰ τὸ δυτικὸν μέρος γένηται παραλλήλῳ, ταὐτὸν δ᾽ εἰπεῖν, μέχρις ἂν τὸ ὑπὲρ γῆν ὅλον ἡμισφαίριον ἐκπεριέλθῃ ὁ ἥλιος. τούτου δὲ γενομένου, δεῖ πάλιν σημειοῦσθαι τὴν μοῖραν, ἐν ᾗ τὸ μοιρογνωμόνιον τῆς ἀράχνης ἔπεσε, καὶ ἀριθμεῖν τὰς μοίρας, ἀρχομένους[121] ἐξ ἧς πρῶτον ἐσημειωσάμεθα μέχρι τῆς τελευταίας· καὶ τοσούτων χρόνων ἰσημερινῶν ⟨χρὴ⟩[122] λέγειν εἶναι τὴν προκειμένην ἡμέραν· 3. τούτους δὲ μερίσαντας[123] εἰς τὰ[124] ιβ, λέγειν καὶ ἑκάστην ὥραν καιρικὴν πόσων ἐστὶ χρόνων ἰσημερινῶν, ἢ καὶ μέρους.

4. Τῇ αὐτῇ δὲ μεθόδῳ καὶ τὴν δοθεῖσαν ἡμῖν καιρικὴν νύκτα καὶ τῶν καιρικῶν ὡρῶν αὐτῆς τὸ μέγεθος εὑρήσομεν, τὴν τοῦ ἡλίου μοῖραν ἐπὶ τὸν δυτικὸν τιθέντες ὁρίζοντα, τουτέστιν ἐν τῷ ἐσχάτῳ παραλλήλῳ, καὶ σημειούμενοι, ποίᾳ μοίρᾳ τῆς ἔξωθεν ἴτυος τοῦ ὀργάνου συμβάλλει τὸ τῆς ἀράχνης μοιρογνωμόνιον· εἶτα περιάγοντες τὴν ἀράχνην, ἕως ἂν ἡ τοῦ ἡλίου μοῖρα, τὸ ἀναλογοῦν[125] τῷ ὑπὸ γῆν τοῦ τυμπάνου μέρος διελθοῦσα, τοῦ ἀνατολικοῦ ψαύσῃ ὁρίζοντος, τουτέστι τοῦ ἐσχάτου πρὸς ἀνατολὴν[126] παραλλήλου· 5. καὶ τοῦτο ποιήσαντες σκοποῦμεν[127] πάλιν τὴν μοῖραν, ἧς ἐφάπτεται τὸ τῆς ἀράχνης μοιρογνωμόνιον· εἶτα τὰς πάσας ἀριθμήσαντες ἀπὸ τῆς ἐξ ἀρχῆς σημειωθείσης, τοσού-

---

118 aliter F: πῶς ἑκάστην ἡμέραν καὶ νύκτα πόσων ἐστὶν ὡρῶν, πῶς τε καὶ ἑκάστην ὥραν πόσων ἐστὶν ἰσημερινῶν χρόνων εὑρήσομεν | **119** sic F: χρόνων cett. | **120** add. F | **121** sic DF, anon. Bon.: ἀρχομένας cett. | **122** add. F | **123** sic D, Huet.: μερίσαντες cett. | **124** sic correxi sec. 11,5: τὸν codd., Hase | **125** sic F, Huet.: ἀναλογοῦντι cett. | **126** δύσιν D m. sec., F, A in marg. | **127** sic D m. pr., Tan.: σκοπῶμεν D m. sec., σκοπήσομεν F

11. Wie wir für jeden Tag und jede Nacht die Temporalstunde finden, und ebenso, wie viele äquinoktiale Zeitgrade sie hat

1. Mit derselben Methode kann man auch für jeden Temporaltag herausfinden, wie viele Äquinoktialstunden er hat, und ebenso für jede Temporalstunde, wie viele Zeitgrade sie umfasst.[27] Um dies zu erfahren, muss man ⟨auf dem Zodiakalring der Arachne⟩ wiederum den Grad nehmen, an welchem die Sonne steht, und diesen auf den ersten Parallelkreis von Osten verschieben, dann den Grad ⟨auf dem Peripheriering⟩ ablesen, auf welchen die Zeigerspitze der Arachne fällt. **2.** Dann muss man die Arachne drehen, bis der Grad der Sonne auf den letzten Parallelkreis auf der westlichen Seite fällt, oder – was dasselbe ist – bis die Sonne die ganze Hemisphäre über der Erde durchlaufen hat. Ist dies geschehen, muss man den Grad wieder markieren, auf welchen der Gradzeiger der Arachne gefallen ist, und die Grade zählen, begonnen von der ersten Markierung bis zur letzten. So viele äquinoktiale Zeitgrade hat somit der betreffende Tag. **3.** Wenn wir diese Grade durch 12 teilen, können wir auch sagen, wie viele äquinoktiale Zeitgrade oder Teile davon die Temporalstunde enthält.

4. Mit derselben Methode können wir auch die Dauer der betreffenden Temporalnacht und deren Temporalstunden ausfindig machen, indem wir den Grad der Sonne auf den Westhorizont stellen, d.h. auf den äussersten Parallelkreis, dann den Grad am äusseren Rand des Instrumentes markieren, auf welchen der Zeiger der Arachne fällt; dann drehen wir die Arachne, bis der Grad der Sonne, – den dem unter der Erde entsprechenden Teil des Tympanons durchlaufend – den Osthorizont berührt, d.h. den äussersten Parallelkreis im Osten. **5.** Haben wir das gemacht, achten wir wieder, auf welchen Grad der Zeiger der Arachne fällt; dann zählen wir alle Grade von der ersten Markierung an und

---

27 Im Gegensatz zur unveränderlichen Äquinoktialstunde (*hora isemerina*, entspricht unserer ‚Stunde') umfasst die in der Antike übliche, je nach Jahreszeit veränderliche Temporalstunde (*hora kairike*) 1/12 des Temporaltages (*hemera kairike*) = Zeit von Sonnenaufgang bis Sonnenuntergang.

των εἶναι λέγομεν ἰσημερινῶν χρόνων τὴν προκειμένην καιρικὴν
νύκτα. | καὶ τούτους¹²⁸ οὖν εἰς τὰ ιβ̄ μερίσαντες, εὑρήσομεν¹²⁹ καὶ
τὴν νυκτερινὴν ὥραν πόσων ἐστὶν ἰσημερινῶν χρόνων. ἔχεις οὖν
ἐντεῦθεν καὶ τὴν τῶν καιρικῶν ὡρῶν εἰς τὰς ἰσημερινὰς διάκρισιν.

12. Πῶς ἔστιν εὑρεῖν ἐκ τοῦ ὀργάνου τὴν τοῦ ἡλίου ἐποχήν· ἐν ᾧ
πάλιν, πῶς ἔστι λαβεῖν τὸ καθ' ἑκάστην ἡμέραν τοῦ ἡλίου
μέγιστον ὕψωμα.

1. Καὶ τὴν ἐποχὴν δὲ τοῦ ἡλίου λαβεῖν ἔστιν ἄνευ ψηφοφορίας
ἐκ τῆς τοῦ ὀργάνου χρήσεως τὸν τρόπον τοῦτον. 2. δεῖ λαβεῖν τὸ
μέγιστον κατ' ἐκείνην τὴν ἡμέραν ἀπὸ γῆς ὕψωμα τοῦ ἡλίου·
ληψόμεθα δὲ τοῦτο διοπτεύοντες αὐτὸν περὶ αὐτὴν τὴν μεσημ-
βρίαν· δῆλον δὲ ὅτι πλειστάκις διοπτεύειν δεῖ μέχρις ἂν μηκέτι τῷ
ὕψει προσθῇ, ἀλλὰ τὸ μέγιστον ἀρθεὶς ὕψωμα πάλιν ἄρξηται
μειοῦσθαι καὶ προσγειότερος γίνεσθαι· σαφὲς γάρ, ὅτι τὸ ἀφ' οὗ
ἤρξατο ὑφαιρεῖν, τουτέστιν αὐτοῦ τὸ μέγιστον ὕψωμα· 3. λαβόντες
οὖν τοῦτο, εἶτα ἐπισκοπήσαντες, ποῖον τεταρτημόριον διέρχεται ὁ
ἥλιος, πότερον τὸ ἀπὸ τῆς ἐαρινῆς ἰσημερίας ἢ τὸ ἀπὸ μετοπωρι-
νῆς, ἢ τὸ ἀπὸ θερινῶν τροπῶν ἢ τὸ ἀπὸ χειμερινῶν, (σαφὲς δὲ
τοῦτο πάντῃ· καὶ γὰρ οἱ χρόνοι, οἵ τε ἰσημερινοὶ καὶ οἱ τροπικοί,
πᾶσιν ὑπάρχουσι γνώριμοι) 4. ληψόμεθα τοῦτο τὸ τεταρτημόριον
ἐν τῷ ζῳδιακῷ τῷ ἐν τῇ ἀράχνῃ· εἶτα θέντες αὐτὴν τὴν ἀράχνην
ἐν ᾧ ὄντες διωπτεύσαμεν κλίματι, καὶ ἑκάστην τοῦ τεταρτημορίου
μοῖραν, ἣν διέρχεται τότε ὁ ἥλιος, ἐφαρμόσαντες τηνικαῦτα τῷ

---

128 sic F, anon. Bon. : ταύτας cett. | **129** sic DF: εὑρίσκομεν cett., Hase

sagen, dass die betreffende Temporalnacht so viele äquinoktiale Zeitgrade umfasst; und teilt man diese nun durch 12, dann finden wir auch, wie viele äquinoktiale Zeitgrade die nächtliche Temporalstunde enthält. Damit hast du auch den Unterschied zwischen
5 Temporalstunden und Äquinoktialstunden.

12. Wie mit dem Instrument die ⟨ekliptikale⟩ Länge der Sonne zu finden ist, und wie mit ihm für jeden Tag die maximale Höhe der Sonne zu ermitteln ist

1. Auch die ⟨ekliptikale⟩ Länge[28] der Sonne kann man ohne
10 ⟨komplizierte⟩ Rechenoperationen[29] unter Anwendung des Instrumentes auf folgende Art ermitteln: **2.** Man muss die maximale Höhe der Sonne über der Erde für den betreffenden Tag feststellen. Dies tun wir, indem wir die Sonne unmittelbar am Mittag anvisieren; selbstverständlich müssen wir sie mehrmals anvisie-
15 ren, bis ihre Höhe nicht mehr zunimmt, sondern nach Erreichen der Maximalhöhe wieder abzunehmen beginnt und sie sich wieder der Erde nähert.[30] Denn es ist klar, dass der Punkt, von dem an sie wieder abnimmt, ihre Maximalhöhe ist. **3.** Haben wir nun dies festgestellt, beachten wir, welchen Quadranten ⟨des
20 Zodiakos⟩ die Sonne gerade durchläuft, ob den vom Frühlings- oder vom Herbstäquinoktium an, oder den vom Sommer- oder Winterwendepunkt an; dies ist allgemein bekannt, denn auch die Zeitpunkte der Tagundnachtgleichen und der Wendepunkte sind allen vertraut. **4.** Wir nehmen nun diesen Quadranten auf dem
25 Zodiakos der Arachne, dann legen wir die Arachne selbst auf ⟨das Tympanon⟩ des Klimas, in welchem wir die Beobachtung gemacht haben, und verschieben jeden ⟨in Frage kommenden⟩ Grad des

---

28 *epoche*, hier = Standort der Sonne auf ihrer Bahn durch die Ekliptik (= ekliptikale Länge)
29 *psephophoria* (vgl. Ptol. *Synt*.4,9): in der Astronomie eine besondere Art der Rechenoperation.
30 Die Südrichtung und die Mittagszeit, die mit jedem Gnomon bequem abzulesen wäre, wird als nicht genau bekannt vorausgesetzt, sonst würde eine Messung zur Mittagszeit genügen.

μεσημβρινῷ,[130] ζητήσομεν ποία αὐτῶν τοσούτους ὑψοῦται παραλλήλους ἐν τῷ μεσημβρινῷ ⟨γενομένη⟩, ὅσους[131] εὕρηται κατ' ἐκείνην τὴν ἡμέραν ὑψούμενος ὁ ἥλιος, κἀκείνην ἀποφαινόμεθα ἐπέχειν τότε τὸν ἥλιον. 5. τοῦτο δὲ γίνεται, εἰ μὴ πλησίον εἴη τῶν τροπικῶν ὁ | ἥλιος, ἀλλὰ πολὺ τούτων διέστηκε. εἰ γὰρ πλησιάζει, ἑτέρας πάλιν δεήσει διακρίσεως, ἣν διδάξομεν.

13. Ποῖαι μοῖραι τῶν ἐν τῷ ζῳδιακῷ ὑπὸ τῶν αὐτῶν εἰσὶ παραλλήλων καὶ τὸ αὐτὸ ὕψωμα ὑψοῦνται· καὶ πῶς ἔστιν εὑρεῖν αὐτὸν τὸν ἥλιον μετὰ τὰ τροπικὰ σημεῖα, ἐν ποίῳ τεταρτημορίῳ τοῦ ζῳδιακοῦ ὑπάρχει.

1. Οὐδεμία μὲν οὖν τῶν ἐν τῷ αὐτῷ τεταρτημορίῳ μοῖρα τὸ αὐτὸ ὕψωμα ἑτέρᾳ ὑψοῦται. ἐν παντὶ δὲ τῷ ζῳδιακῷ μετὰ τὰ τροπικὰ σημεῖα κατὰ δύο μόνας τὸ αὐτὸ ὕψωμα ὑψουμένας εὑρήσεις. εἰσὶ δὲ αὗται αἱ ὑπὸ τὸν αὐτὸν παράλληλον οὖσαι. 2. ὑπὸ τὸν αὐτὸν δέ εἰσι παράλληλον αἱ τὴν ἴσην ἀπόστασιν ἀφεστηκυῖαι τῶν τροπικῶν σημείων, ἑκατέρου ἰδίᾳ, τοῦ τε θερινοῦ φημὶ καὶ χειμερινοῦ, ἃ καὶ κυρίως ἐστὶ τροπικά· ἐκ τούτων γὰρ ἐπί τε τὰ βόρεια καὶ ἐπὶ τὰ νότια τρέπεται ὁ ἥλιος· ἀπὸ μὲν γὰρ αἰγοκέρωτος[132] ἄρχεται ἐπὶ βορρᾶν ὑψοῦσθαι μέχρι καρκίνου. ἐκ τούτου δὲ πάλιν ἀναποδίζειν ἄρχεται καὶ κατιέναι πρὸς νότον μέχρις αἰγοκέρωτος. 3. τὰ μέντοι ἰσημερινὰ ζῴδια τροπικὰ φασί τινες, καθὸ δή εἶναι λέγουσιν οἱ πολλοί[133] τὰς τροπὰς διὰ τὰς τῶν ὡρῶν μεταβολάς. μόνα οὖν τὰ δύο σημεῖα κυρίως εἰσὶ τροπικά, λέγω δὴ ἡ πρώτη μοῖρα τοῦ καρκίνου [τυχὸν][134] καὶ ἡ πρώτη μοῖρα τοῦ αἰγοκέρωτος. 4. νῦν γὰρ οὐκ ἀκριβολογητέον περὶ τούτων, ἅπερ οὐδὲ σύστοιχά εἰσιν ἑτέροις· οὐδεμία γὰρ τοῦ ζῳδιακοῦ μοῖρα τὸ αὐτὸ ὕψωμα ὑψοῦται τούτοις· πέρατα γάρ εἰσι ⟨τῆς⟩[135] λοξώσεως

---

130 sic DF: μεσουρανῷ cett., Hase | 131 sic Tan.: μεσημβρινῷ καὶ τὴν γενομένην, ὅση D; μεσουρανῷ καὶ τὴν γενομένην, ὅση Hase | 132 vide supra ad 3,23 | 133 παλαιοί D m. pr., F | 134 delevi: om. DF, add. in marg. D m. sec., habent cett., Hase | 135 add. DF

Quadranten, den die Sonne zu diesem Zeitpunkt durchläuft, bis zum Meridian, und stellen dann fest, welcher Grad beim Berühren der Meridianlinie sich über so viele Parallelkreise erhebt, wie man an jenem Tag als maximale Höhe der Sonne gefunden hat: diesen
5 Grad erklären wir als momentanen Standort der Sonne. 5. So verfährt man, wenn die Sonne nicht nahe bei den Wendepunkten ist, sondern weit von ihnen entfernt ist; denn steht sie nahe ⟨den Wendepunkten⟩, braucht man eine andere Unterscheidungsmöglichkeit, die ich erklären werde:

10   13. Welche Grade des Zodiakos auf denselben Parallelkreisen liegen und dieselbe Höhe erreichen, und wie man herausfinden kann, in welchem Quadranten sich die Sonne selbst befindet, wenn sie um die Wendepunkte steht

1. Keiner von den Graden im selben Quadranten erhebt sich
15 zur selben ⟨maximalen⟩ Höhe wie ein anderer; im ganzen Zodiakos dagegen finden sich um die Wendepunkte nur zwei Grade, welche dieselbe Höhe erreichen. Es sind die, welche auf demselben Parallelkreis liegen. **2.** Auf demselben Parallelkreis aber liegen die Grade, welche von den Wendepunkten gleich weit
20 entfernt sind, je von einem der beiden, nämlich vom Sommerwendepunkt und vom Winterwendepunkt, welches die eigentlichen Wendepunkte sind; denn von ihnen an wendet sich die Sonne nach Norden oder nach Süden: Vom Steinbock an beginnt sie nämlich sich nach Norden zu erheben bis zum Krebs, von diesem
25 an dagegen beginnt sie wieder zu sinken und nach Süden abzusteigen bis zum Steinbock. **3.** Einige nennen auch die äquinoktialen Tierkreiszeichen Wendepunkte, und dem entsprechend reden viele von 4 Wendepunkten wegen des Wechsels der ⟨4⟩ Jahreszeiten. Aber nur zwei Punkte sind Wendepunkte im
30 eigentlichen Sinne, nämlich der erste Grad des Krebses und der erste Grad des Steinbocks. **4.** Über diese braucht man nun nicht weiter zu diskutieren, da ihnen keine anderen gleichgestellt sind; denn kein Grad des Zodiakos erreicht die gleiche Höhe ⟨bzw. Tiefe⟩ wie diese, sind sie doch die Endpunkte seiner Schiefe.

αὐτοῦ· ὅθεν οὐδὲ ὑπὸ τὸν αὐτόν εἰσι παράλληλον οὔτε ἀλλήλαις[136] οὔτε ἄλλῃ τινὶ τῶν ἐν τῷ ζῳδιακῷ μοίρᾳ.

5. Τὰ δὲ ἴσην ἀφεστηκότα διάστασιν τούτων τινὸς παρ' ἑκάτερα ὑφ' ἕνα τε καὶ τὸν αὐτόν εἰσι παράλληλον, καὶ διὰ τοῦτο τὸ αὐτὸ ὕψωμα ἀπὸ τῆς γῆς ὑψοῦνται· οἷον ἀφέστηκε παρ' ἑκάτερα τῆς ἀρχῆς τοῦ καρκίνου ἴσην διάστασιν ἡ ἀρχὴ τοῦ λέοντος καὶ ἡ τῶν διδύμων ἀρχή· λ̄ γὰρ μοῖραί εἰσι παρ' ἑκάτερα. 6. αὗται | μὲν οὖν αἱ δύο μοῖραι, ἥτε τοῦ λέοντος ἀρχὴ καὶ ἡ τῶν διδύμων πάλιν ἀρχή, ὑπό τε τὸν αὐτόν εἰσι παράλληλον, καὶ διὰ τοῦτο τὸ αὐτὸ μέγιστον ὕψωμα ὑψοῦνται ἀπὸ γῆς. 7. ἵνα δὲ σαφὲς γένηται τὸ λεγόμενον, δεῖ εἰς τὰ δύο πέρατα τοῦ ὑπὲρ γῆν ἡμισφαιρίου ἁρμόσαι τὰ δύο ἰσημερινὰ ζῴδια, εἰς τὸ ἀνατολικὸν μὲν φέρε τὴν ἀρχὴν τοῦ ζυγοῦ, εἰς τὸ δυτικὸν δὲ τὴν ἀρχὴν τοῦ κριοῦ. ταῦτα γὰρ ὄψει ἕνα καὶ τὸν αὐτὸν ἔχοντα παράλληλον, τὸν πρώτιστον, δι' οὗ ὁρίζεται τό τε τῷ ὑπὲρ γῆν ἡμισφαιρίῳ ἀναλογοῦν τοῦ τυμπάνου μέρος καὶ τὸ ὑπὸ γῆν. 8. τούτων δὲ οὕτω κειμένων, ὄψει καὶ τὴν πρώτην τοῦ καρκίνου μοῖραν ἐφαρμόζουσαν [καὶ][137] τῇ τοῦ μεσημβρινοῦ γραμμῇ καὶ τὴν τοῦ αἰγοκέρωτος πρώτην, καὶ ἐπεὶ[138] τὰ ἰσημερινὰ ἴσον διέστηκε τοῦ θερινοῦ, λέγω δὴ τῆς τοῦ καρκίνου πρώτης μοίρας,[139] διὰ τοῦτο ὑπό τε τὸν αὐτόν εἰσι παράλληλον, ὡς εἶπον,[140] καὶ τὸ αὐτὸ ὕψωμα ἀπὸ τῆς γῆς ὑψοῦνται.

9. Εἶτα ὁμοίως καὶ τὰς λοιπὰς ἑκατέρωθεν ἴσον διεστηκυίας μοίρας ἀπὸ τῆς πρώτης τοῦ καρκίνου πάλιν ὄψει τοῦ αὐτοῦ ἐφαπτομένας παραλλήλου καὶ τὸ αὐτὸ μέγιστον ὑψουμένας διάστημα. 10. τὰς αὐτὰς δὲ ταύτας ὄψει καὶ ἐκ τῶν δύο ἰσημερινῶν σημείων ἴσον διεστηκυίας. τὰ γὰρ τῶν τροπικῶν τινὸς ἴσον διεστηκότα, ταῦτα καὶ τῶν ἰσημερινῶν ἀμφοτέρων ἴσον διέστηκε θάτερον θατέρου, ἀλλὰ τοῦ μὲν ἐπὶ τὰ ἡγούμενα, τοῦ δὲ ἐπὶ τὰ

---

136 sic DF: ἀλλήλοις cett., Hase | **137** om. DF, del. Huet. | **138** sic F, Tan.: ἐπὶ cett. | **139** hic lacunam non necessariam statuit Hase | **140** sic corr. anon. Bon.: εἰπεῖν codd., Tan.

Daher sind sie auch nicht auf demselben Parallelkreis, weder unter sich noch wie irgendein anderer Grad im Zodiakos.

5. Die Punkte aber, die denselben Abstand von einem dieser Wendepunkte nach der einen oder anderen Seite haben, sind auf einem und demselben Parallelkreis, und deshalb erreichen sie dieselbe Höhe über der Erde. So haben ⟨zum Beispiel⟩ vom Anfang des Krebses nach beiden Seiten der Anfang des Löwen und der Anfang der Zwillinge denselben Abstand; er beträgt nach beiden Seiten 30 Grad. 6. Diese 2 Grade nun, der Anfang des Löwen und der Anfang der Zwillinge, sind somit auf demselben Parallelkreis, und deswegen erreichen sie die gleiche maximale Höhe über der Erde. 7. Damit nun aber das Gesagte klar wird, muss man die beiden äquinoktialen Tierkreiszeichen auf die beiden Enden der Hemisphäre über der Erde verschieben, nämlich auf das östliche Ende den Anfang der Waage, auf das westliche Ende den Anfang des Widders: Du wirst feststellen, dass diese denselben Parallelkreis einnehmen, nämlich den ersten (d.h. den Horizontkreis), durch welchen auf dem Tympanon der Teil, welcher der Hemisphäre über der Erde entspricht, von dem unter der Erde abgegrenzt wird. 8. Wenn diese Punkte so liegen, wirst du auch feststellen, dass der erste Grad des Krebses und der erste Grad des Steinbocks auf die Meridianlinie fallen. Und da die Äquinoktialpunkte gleichen Abstand haben vom Sommerwendepunkt, d.h. vom ersten Grad des Krebses, liegen sie auch auf demselben Parallelkreis, wie ich gesagt habe, und erreichen dieselbe Höhe über der Erde.

9. Dann wirst du ebenso feststellen, dass auch die übrigen Grade, welche auf beide Seiten hin denselben Abstand vom ersten Grad des Krebses haben, denselben Parallelkreis berühren und dieselbe maximale Höhe erreichen. 10. Du wirst auch feststellen, dass dieselben Grade auch von den Äquinoktialpunkten gleich weit entfernt sind; denn was von den Wendepunkten gleich weit entfernt ist, hat auch denselben Abstand von den beiden Äquinoktialpunkten nach dieser oder jener Richtung, sei es zum vorangehenden ⟨westlichen⟩ oder zum nachfolgenden ⟨östlichen

ἑπόμενα· **11.** οἷον, ὅσον διέστηκεν ἡ ἀρχὴ τῶν διδύμων τῆς ἀρχῆς τοῦ κριοῦ ἐπὶ τὰ ἑπόμενα,[141] τοσοῦτον ἡ ἀρχὴ τοῦ λέοντος τῆς ἀρχῆς τοῦ ζυγοῦ ἐπὶ τὰ ἡγούμενα · καὶ πάλιν ὅσον διέστηκε ἐπὶ τὰ ἡγούμενα ἡ ἀρχὴ τῶν διδύμων τῆς ἀρχῆς τοῦ καρκίνου, τοσοῦτον ἐπὶ τὰ ἑπόμενα ἡ ἀρχὴ τοῦ λέοντος τῆς | ἀρχῆς τοῦ καρκίνου. **12.** ἀλλ' οὐχ ὅτι ἐκ τῶν ἰσημερινῶν ἴσον διεστήκασι, διὰ τοῦτο ὑπὸ τὸν αὐτόν εἰσι παράλληλον, ἀλλ' ὅτι ἐκ τῶν τροπικῶν. τῆς γοῦν ἀρχῆς τοῦ κριοῦ ἴσον διεστήκασιν ἥ τε τῶν ἰχθύων ἀρχὴ καὶ ἡ τοῦ ταύρου, ἀλλ' οὔτε ὑπὸ τὸν αὐτόν εἰσι παράλληλον, οὔτε τὸ αὐτὸ μέγιστον ὕψωμα ὑψοῦνται ἄμφω. οἱ μὲν γὰρ ἰχθύες εἰσὶ νοτιώτεροι, ὁ δὲ ταῦρος βορειότερος· **13.** ἀλλὰ μὴν καὶ ὅσον διέστηκεν ἐπὶ τὰ ἡγούμενα τῆς ἀρχῆς τοῦ κριοῦ ἡ τῶν ἰχθύων ἀρχή, τοσοῦτον πάλιν διέστηκεν ἐπὶ τὰ ἡγούμενα ἡ ἀρχὴ τῆς παρθένου τῆς ἀρχῆς τοῦ ζυγοῦ. ἀλλ' οὔκ εἰσιν ὑπὸ τὸν αὐτὸν παράλληλον, ἐπείπερ βορεία μέν ἐστιν ἡ πάρθενος, νότιοι δὲ οἱ ἰχθύες.

14. Ἐπεὶ οὖν τὰ παρ' ἑκάτερα τῶν τροπικῶν τινὸς ἴσον διεστῶτα ὑπὸ τὸν αὐτόν εἰσι παράλληλον, ἄμφω δὲ τὰ ἰσημερινὰ τῶν τροπικῶν ἴσον διέστηκε καὶ ὑπὸ τὸν αὐτόν εἰσι παράλληλον, διὰ τοῦτο καὶ τὰ ἑκατέρωθεν τῶν δύο ἰσημερινῶν ἴσον διεστῶτα θάτερον θατέρου, τοῦ μὲν ἐπὶ τὰ ἡγούμενα, τοῦ δὲ ἐπὶ τὰ ἑπόμενα, ἐν ⟨τῷ⟩[142] αὐτῷ εἰσι παραλλήλῳ. **15.** οὐδὲν δὲ διοίσει[143] κἂν τὴν μὲν ἀρχὴν τοῦ κριοῦ κατὰ τὸν ἀνατολικὸν θείης ὁρίζοντα,

---

141 ἐπὶ τὰ ἑπόμενα (= versus orientem) et ἐπὶ τὰ ἡγούμενα (= versus occidentem) hic et infra in codd. saepe invicem permutata restitui; plura mutare cum Tan. nolui | **142** add. F,D in marg., anon. Bon. | **143** sic DF: δίεισι D in marg., cett.

Zeichen⟩.³¹ **11.** Zum Beispiel: wieweit der Anfang der Zwillinge vom Anfang des Widders in Richtung der nachfolgenden Zeichen (d.h. nach Osten) entfernt ist, soweit ist der Anfang des Löwen vom Anfang der Waage in Richtung der vorangehenden Zeichen (d.h. nach Westen) entfernt. Und umgekehrt: wieweit nämlich der Anfang der Zwillinge in Richtung Westen vom Anfang des Krebses entfernt ist, soweit ist der Anfang des Löwen in Richtung Osten vom Anfang des Krebses entfernt. **12.** Aber nicht, weil sie von den Äquinoktialpunkten gleich weit entfernt sind, befinden sie sich auf demselben Parallelkreis, sondern weil sie von den Wendepunkten gleich weit entfernt sind. So haben zwar der Anfang der Fische und der Anfang des Stieres den gleichen Abstand vom Anfang des Widders, sie liegen aber nicht auf demselben Parallelkreis und erreichen auch beide nicht dieselbe maximale Höhe, denn die Fische sind südlicher, der Stier nördlicher. **13.** Und ferner: wieweit der Anfang der Fische Richtung Westen vom Anfang des Widders entfernt ist, soweit ist wiederum der Anfang der Jungfrau vom Anfang der Waage Richtung Westen entfernt. Und doch liegen sie nicht auf demselben Parallelkreis, da die Jungfrau nördlicher ist, die Fische aber südlicher.

14. Da nun die Punkte, die auf beide Seiten hin von einem der Wendepunkte gleichen Abstand haben, auf demselben Parallelkreis liegen, und da die zwei Äquinoktialpunkte von den Wendepunkten gleich weit entfernt sind und somit auf demselben Parallelkreis liegen, deswegen sind auch die Punkte, die auf beide Seiten hin – im einen Fall nach Westen, im andern Fall nach Osten – gleich weit von den Äquinoktialpunkten entfernt sind, auf demselben Parallelkreis. **15.** Es wird auch keinen Unterschied machen, wenn du den Anfang des Widders auf den Osthorizont platzierst, den Anfang der Waage auf den Westhorizont, wobei

---

31 ‚Vorangehend' bzw. ‚nachfolgend' (in der handschriftlichen Überlieferung gelegentlich verwechselt) werden die Tierkreisbilder in Bezug auf ihre übliche Reihenfolge (Widder, Stier, Zwillinge ...) genannt. Sie sind auf unserem Instrument im Gegenuhrzeigersinn angeordnet; ‚nachfolgend' bedeutet somit ‚nach Osten', ‚vorangehend' ‚nach Westen'.

τὴν δὲ ἀρχὴν τοῦ ζυγοῦ κατὰ τὸν δυτικόν, μεσουρανούσης δηλονότι τῆς ἀρχῆς τοῦ αἰγοκέρωτος· τὰ γὰρ αὐτὰ ὄψει πάλιν συμβαίνοντα.

16. Δύο οὖν τῶν σημείων ὄντων μόνον παρ' ἑκάτερα τῶν τροπικῶν [τῶν]¹⁴⁴ τὸ αὐτὸ ὑψουμένων διάστημα, εἰ μὲν τοῦ ἡλίου περὶ αὐτὰ τὰ τροπικὰ ὄντος τὴν ἐποχὴν αὐτοῦ ζητοῦμεν, δυσδιάγνωστος ἡ εὕρεσις γίνεται, ἐν ποίῳ τεταρτημορίῳ τυγχάνει ὤν, διὰ τὸ αὐτὸ ὑψοῦσθαι τὰς παρ' ἑκάτερον ἴσον ἀφεστηκυίας τῶν τροπικῶν. 17. οἷον τῆς ἀρχῆς τοῦ καρκίνου φέρε μοίρας $\overline{\varrho}$, τῶν δὲ ἐφ' ἑκάτερα μετὰ $\overline{\iota}$, τουτέστι τῆς δεκάτης τοῦ καρκίνου καὶ εἰκοστῆς τῶν διδύμων, ὑψουμένων, ὡς ἐν ὑποθέσει, μοίρας $\overline{πζ}$, εἰ περὶ τὴν εἰκοστὴν τῶν διδύμων ὄντος τοῦ ἡλίου, ἢ περὶ τὴν δεκάτην τοῦ καρκίνου, ζητήσομεν τὴν τοῦ ἡλίου ἐποχήν· 18. εἶτα λαβόντες αὐτοῦ τὸ μέγιστον ὕψωμα μοιρῶν ὑπάρχον ὡς ὑπεθέμεθα $\overline{πζ}$, ζητοῦμεν ποία μοῖρα τίνος τῶν ἐν τῇ ἀράχνῃ | τεταρτημορίων τοσοῦτον ὑψοῦται τὸ μέγιστον· καὶ εὑρήσομεν¹⁴⁵ ὅτι καὶ ἡ τοῦ καρκίνου δεκάτη καὶ ἡ¹⁴⁶ τῶν διδύμων εἰκοστὴ τὸ αὐτὸ ποιεῖται τὸ μέγιστον ὕψωμα ⟨καὶ εἶτα⟩ οὐχ οἷοί τε ἐσόμεθα¹⁴⁷ ἀκριβῶς ἐκ τῆς αἰσθήσεως διακρῖναι, πότερον πρὸ τῶν θερινῶν τροπῶν ἐστιν ὁ ἥλιος ἐν τῇ $\overline{κ}$ τῶν διδύμων, ἢ μετὰ τὰς θερινὰς τροπὰς ἐν τῇ $\overline{\iota}$ τοῦ καρκίνου·¹⁴⁸ 19. τὸ αὐτὸ γὰρ συμβαίνει καὶ ἐπὶ τούτου, ὅπερ συνέβαινε περὶ αὐτὴν τὴν μεσημβρίαν διοπτευόντων ἡμῶν τὸν ἥλιον· τοῦτο δὲ τυχὸν γίνεται, εἰ, ἐν ἐρήμῳ πολὺν διατρίψαν-

---

144 om. F, del. Hase | 145 sic Hase sec. AB: εὑρήσκομεν D m. sec., Tan., εἶτα εὕρωμεν D m. pr., F | 146 sic D, Tan.: ὁ cett. | 147 sic correxi sec. F: καὶ ἐπεὶ ... ὦμεν cett., Hase | 148 sic FD: κριοῦ cett.

dann logischer Weise der Anfang des Steinbocks auf die Himmelsmitte fällt; du wirst wieder dieselben Ergebnisse feststellen.

16. Nun erreichen also nur zwei Tierkreiszeichen zu beiden Seiten der Wendepunkte dieselbe Höhe. Wenn wir nun die Länge der Sonne zu ermitteln suchen und sie sich in der Nähe dieser Wendepunkte befindet, wird es schwierig sein herauszufinden, in welchem Quadranten sie sich befindet, da die Punkte mit demselben Abstand beidseitig von den Wendepunkten dieselbe Höhe erreichen. **17.** Zum Beispiel: Nehmen wir an, der Anfang des Krebses habe die Höhe 90 Grad,[32] die zu beiden Seiten 10 Grad abstehenden Punkte, d.h. der 10. Grad des Krebses und der 20. Grad der Zwillinge, erheben sich nach dieser Annahme 87 Grad. Wir suchen nun die ⟨ekliptikale⟩ Länge der Sonne, wenn sie in der Nähe des 20. Grades der Zwillinge oder des 10. Grades des Krebses steht. **18.** Wir nehmen ihre maximale Höhe, nach unserer Annahme 87 Grade; nun suchen wir, welcher Grad auf der Arachne auf den beiden Quadranten diese maximale Höhe erreicht, und werden feststellen, dass sowohl der 10. Grad des Krebses als auch der 20. Grad der Zwillinge dieselbe maximale Höhe erreichen. Nun sind wir aufgrund der Beobachtung nicht im Stande, sicher zu entscheiden, ob die Sonne vor dem Sommerwendepunkt, d.h. im 20. Grad der Zwillinge, steht, oder nach dem Sommerwendepunkt, d.h. im 10. Grad des Krebses. **19.** Dabei stellt sich dasselbe Problem ein wie auch bei der Beobachtung der Sonne um die Mittagszeit.[33] Diese ⟨Unsicherheit hinsichtlich des Sonnenstandortes⟩ könnte eintreten, wenn wir uns etwa längere Zeit in der Einsamkeit aufhielten und wir nicht einmal den ⟨aktuellen⟩ Monat kennten oder bei einem Volk wären, das die Monate anders als

---

32 Die Annahme ist als reines Schulbeispiel gedacht; in Wirklichkeit erreicht der 1. Grad des Krebses (= Sommerwendepunkt) erst in den ganz südlichen Breiten (ab dem 24. Breitengrad) den Zenit (= 90° über dem Horizont).
33 Vgl. dazu oben Kap. 9.

τες χρόνον μηδὲν εἰδείημεν ὅλως τὸν μῆνα, ἢ παρ' ἔθνει διαφόρως καὶ οὐ καθ' ἡμᾶς ἀριθμοῦντι τοὺς μῆνας ἢ μηδόλως ἀριθμοῦντι. 20. πάλιν μίαν ἢ δύο ἡμέρας διαλείποντες καὶ διοπτεύσαντες ὁμοίως, εἰ μὲν προσθέντα εὕρωμεν τὸν ἥλιον τῷ ὑψώματι, δῆλον ὅτι πρὸ θερινῶν τροπῶν πρότερον ἦν, εἰ δὲ ἀφελόντα, μετὰ θερινάς. καὶ οὕτω μὲν οὖν, εἰ πλησίον εἴη ἢ τῶν θερινῶν ἢ τῶν χειμερινῶν τροπῶν ὁ ἥλιος. 21. εἰ μέντοι πολὺ ἀφεστηκὼς εἴη ὁ ἥλιος τῶν θερινῶν ἢ τῶν χειμερινῶν τροπῶν ἐπὶ τάδε ἢ ἐπὶ τάδε, μία ἔσται λοιπὸν ἀμφισβήτησις, ποίου τεταρτημορίου δεῖ ζητεῖν μοῖραν τοσοῦτον ὑψουμένην τὸ μέγιστον, ὅσον διώπτευται¹⁴⁹ ἡμῖν ὁ ὑψούμενος ἥλιος. 22. εἰ μὲν γὰρ πρὸ θερινῶν τροπῶν ἡ ζήτησις εἴη, ἀπὸ κριοῦ μέχρι τῆς λ̄ τῶν διδύμων μοίρας, ταὐτὸν δὲ εἰπεῖν πρώτης καρκίνου, ζητεῖν δεῖ ποία τούτων μοῖρα τοσοῦτον τοῦ ὁρίζοντος τὸ μέγιστον ὑψοῦται, ὅσον¹⁵⁰ ὑψούμενος διοπτεύεται τότε ὁ ἥλιος· εἰ δὲ μετὰ θερινὰς τροπάς, ἀπὸ τῆς ἀρχῆς τοῦ καρκίνου μέχρι τῆς λ̄ μοίρας τῆς παρθένου, ταὐτὸν δὲ εἰπεῖν ἀρχῆς τοῦ ζυγοῦ. 23. ὁμοίως εἰ μὲν πρὸ χειμερινῶν τροπῶν ἀπ' ἀρχῆς τοῦ ζυγοῦ μέχρι τριακοστῆς τοῦ τοξότου, ταὐτὸν δὲ εἰπεῖν, ἀρχῆς αἰγοκέρωτος· εἰ δὲ μετὰ χειμερινὰς τροπάς, ἀπ' ἀρχῆς αἰγοκέρωτος μέχρι τριακοστῆς ἰχθύων, ταὐτὸν δὲ εἰπεῖν, ἀρχῆς κριοῦ.

14. Πῶς ⟨καὶ⟩¹⁵¹ τῶν πλανωμένων ἑκάστου τὴν ἐποχὴν εὑρήσομεν.

1. Ἔστι δὲ καὶ τῶν λοιπῶν πλανωμένων τὰς ἐποχὰς ἐκ τοῦ ὀργάνου λαβεῖν ἀκριβῶς μέν, ὅταν ὦσιν ἐν αὐτῷ τῷ διὰ μέσων τῶν ζῳδίων, παχυμερέστερον δέ, εἰ παραλλάττοιεν ἐπὶ θάτερα,

---

149 sic DF: διοπτεύεται cett., Hase | **150** sic corr. D m. sec., Tan.: ὅπερ cett., Hase | **151** add. F

wir oder überhaupt nicht zählt.³⁴ **20.** Wiederum beobachten wir ⟨die Sonne⟩ nach einem Unterbruch von etwa einem oder zwei Tagen: zeigt es sich, dass die Sonne an Höhe gewonnen hat, befand sie sich offenbar vorher vor dem Sommerwendepunkt, hat
5 sie an Höhe verloren, nach dem Sommerwendepunkt. So verhält es sich, wenn die Sonne nahe am Sommer- oder auch am Winterwendepunkt ist. **21.** Wenn dagegen die Sonne weit entfernt ist vom Sommer- oder Winterwendepunkt in dieser oder jener Richtung, dann bleibt noch eine Unsicherheit, in welchem
10 Quadranten wir den Grad suchen müssen, der dieselbe maximale Höhe erreicht, die wir bei der Sonne beobachtet haben. **22.** Wenn nämlich die Ermittlung vor der Sommersonnenwende stattfindet, muss man vom Anfang des Widders bis zum 30. Grad der Zwillinge, oder, was auf dasselbe hinausläuft, bis zum Anfang des
15 Krebses, den Grad suchen, welcher die maximale Höhe über dem Horizont erreicht, die wir beim Anvisieren der Sonne festgestellt haben. Wenn aber nach der Sommersonnenwende ⟨beobachtet wird⟩, dann vom Anfang des Krebses bis zum 30. Grad der Jungfrau oder, was auf dasselbe hinausläuft, bis zum Beginn der
20 Waage. **23.** In gleicher Weise ⟨verfahren wir⟩, wenn wir vor der Wintersonnenwende ⟨beobachten⟩, vom Anfang der Waage bis zum 30. Grad des Schützen, bzw. bis zum Anfang des Steinbocks; wenn aber nach der Wintersonnenwende, dann vom Anfang des Steinbocks bis zum 30. Grad der Fische, bzw. bis zum Anfang des
25 Widders.

14. Wie man auch die ⟨ekliptikale⟩ Länge eines jeden Planeten findet

1. Man kann auch die ⟨ekliptikale⟩ Länge der übrigen Planeten mit dem Instrument erfassen, und zwar ganz genau, wenn sie sich
30 unmittelbar auf der Mittellinie des Zodiakos (d.i. auf der Ekliptik-

---

34 Dies die Rechfertigung für das überaus umständlich erklärte Problem der Feststellung des Sonnenortes um die Zeit der Sonnenwende, das sich in einer zivilisierten Gegend mit einem Blick auf den Kalender leicht lösen liesse.

τὸν τρόπον τοῦτον. 2. δεῖ πρῶτον ἕνα τῶν ἐντεταγμένων ἀπλανῶν ἐν τῇ ἀράχνῃ διοπτεῦσαι κατὰ τὴν ἤδη παραδοθεῖσαν μέθοδον· εἶτα μαθόντας πόσους ὑψώθη τότε παραλλήλους τοῦ ἀνατολικοῦ ὁρίζοντος ἢ τοῦ δυτικοῦ, καταστῆσαι τὴν ἀράχνην ἐν ᾧ διοπτεύομεν κλίματι ἀναλόγως τῇ ⟨τότε⟩[152] τοῦ παντὸς θέσει· τοῦτο δέ ἐστι τὸ μοιρογνωμόνιον τοῦ διοπτευθέντος ἀπλανοῦς ἐφαρμόζειν τῷ παραλλήλῳ, ἐν ᾧ καὶ διώπτευται ὤν· 3. εἶτα πάλιν τὸν ζητούμενον τῶν πλανωμένων διοπτεύειν καὶ σημειοῦσθαι, πόσους ἐξῆρται παραλλήλους ἐκ τοῦ δυτικοῦ ἢ ἀνατολικοῦ ὁρίζοντος, καὶ ζητεῖν τὸν ἰσάριθμον τῷ προκειμένῳ κλίματι παράλληλον, καὶ τούτου τὸ τμῆμα τὸ πρὸς δυσμὰς ἢ πρὸς ἀνατολάς, ἐν ᾧ κατείληπται ὢν ὁ πλανώμενος· εἶτα ζητεῖν τὸ τμῆμα τούτου[153] τοῦ παραλλήλου, ποίᾳ μοίρᾳ τοῦ ζωδιακοῦ συμβάλλει, κἀκείνην λέγειν ἐπέχειν τότε τὸν διοπτευθέντα πλανώμενον ἀστέρα.

4. Εἰκότως δέ, τοῦ μὲν ἡλίου τὴν διὰ [τῶν][154] μέσων ἀεὶ κινουμένου ⟨γραμμήν⟩,[155] συμβαίνει ἀκριβῶς διοπτεύοντας τὴν ἐποχὴν αὐτοῦ λαβεῖν, ἐπειδήπερ ἐν αὐτῇ φέρεται ἀεί, ἐν ᾗ καὶ τὰς ἐποχὰς τῶν ἀστέρων[156] κρίνομεν. 5. ἐπὶ δὲ τῶν λοιπῶν, ἐπεὶ μὴ ἐπὶ ταύτης ἀεὶ φέρονται, ἀλλὰ καὶ λοξὴν πρὸς αὐτὴν πολλάκις ποιοῦνται τὴν κίνησιν, ὡς ποτὲ μὲν βορειοτέρους αὐτῆς,[157] ποτὲ δὲ νοτιωτέρους γίνεσθαι, ἐπεὶ δ᾽ ἂν ταύτης αὐτοὺς παραλλάττοντας διοπτεύσωμεν, εἰ τὴν ἐπ᾽ αὐτοὺς φερομένην ἐκ τοῦ ὄμματος εὐθεῖαν ἐξαγάγωμεν ἐπὶ τὸν ζωδιακόν, ἀνάγκη μὴ εἰς αὐτὴν πίπτειν τὴν διὰ μέσων, ἀλλ᾽ ἐκτός, ἢ ἐπὶ τὰ βορειότερα ταύτης, ἢ

---

152 add. DF | **153** sic DEF, τοῦτο cett. | **154** om. DF, del. Tan. | **155** addendum putavi | **156** sic DEF: χρόνων cett., Hase | **157** sic D m. pr., E: αὐτῶν cett.

linie) befinden, etwas weniger genau, wenn sie davon auf die eine oder andere Seite abweichen, und zwar auf folgende Weise: 2. Man muss zuerst einen auf der Arachne angebrachten Fixstern anvisieren, nach der bereits vorgeführten Methode.[35] Haben wir festgestellt, über wie viele Parallelkreise dieser sich über den östlichen oder westlichen Horizont zu diesem Zeitpunkt erhoben hat, dann bringen wir die Arachne auf der zum Beobachtungsort passenden Klimascheibe in die zu diesem Zeitpunkt der Lage des Alls entsprechende Stellung, d.h. wir schieben den Dorn des beobachteten Fixsterns auf den Parallelkreis, auf welchem er beobachtet wurde. 3. Dann muss man wiederum den gesuchten Planeten anvisieren und vermerken, über wie viele Parallelkreise dieser sich über den westlichen oder östlichen Horizont erhoben hat, und auf der betreffenden Klimascheibe den gleichzahligen Parallelkreis suchen und von diesem den westlichen oder östlichen Abschnitt, in welchem der Planet beobachtet worden ist. Dann suchen wir, mit welchem Grad des Zodiakos der Abschnitt dieses Parallelkreises zusammenfällt, und sagen, diese Länge habe der zu diesem Zeitpunkt beobachtete Planet inne.

4. Da nun die Sonne sich immer auf der Mittellinie des Zodiakos (d.i. auf der Ekliptik) bewegt, ergibt sich logischerweise, dass wir ihre Länge durch die Beobachtung genau feststellen können, da sie sich immer auf dieser Linie bewegt, auf der wir auch die Längen der Sterne messen.[36] 5. Da nun aber die übrigen Planeten sich nicht immer auf dieser Linie bewegen, sondern ihr gegenüber eine geneigte Bewegung ausführen, so dass sie sich bald nördlicher, bald südlicher von ihr befinden,[37] werden sie bei der Anvisierung von dieser Linie abweichen: Wenn wir die von unserem Auge zu ihnen führende Gerade zum Zodiakos weiterführen, fällt sie zwangsläufig nicht auf die Mittellinie, sondern

---

35 S. oben 8,1ff.
36 Spätestens seit dem Fixsternkatalog des Ptolemaios werden in der Antike die Örter der Himmelskörper in einem ekliptikalen Koordinatensystem angegeben; d.h. die Deklination wird nicht – wie heute – vom Himmelsäquator aus gemessen, sondern von der Ekliptik aus.
37 Die Bahnneigungen der 5 grossen Planeten gegenüber der Ekliptik liegen zwischen 7,0° (Merkur) und 1,3° (Jupiter).

ἐπὶ τὰ νοτιώτερα, καὶ διὰ τοῦτο μηδὲ τὴν ἐποχὴν αὐτῶν ἀκριβῶς καταλαμ|βάνεσθαι, ἐπειδήπερ, ὡς εἶπον, κατὰ μόνην τὴν διὰ μέσων ἡ τῶν ἐποχῶν γίνεται κρίσις.

15. Πῶς ἔστιν εὑρεῖν ἑκάστην μοῖραν τοῦ ζωδιακοῦ, πόσον τοῦ ἰσημερινοῦ παραλλάσσει ἐπὶ βορρᾶν ἢ[158] ἐπὶ νότον· ὁμοίως δὲ καὶ τὸν ἥλιον καὶ τὴν σελήνην καὶ[159] τῶν πλανωμένων ἕκαστον.

1. Εὑρήσομεν δὲ ἐκ τῆς τοῦ ὀργάνου χρήσεως καὶ ἑκάστην τοῦ ζωδιακοῦ μοῖραν, πόσον κατὰ πλάτος τοῦ ἰσημερινοῦ διέστηκεν ἐπὶ βορρᾶν ἢ ἐπὶ νότον, τὸν τρόπον τοῦτον. 2. εἴρηται ἡμῖν ἐν τοῖς προλαβοῦσιν, ὅτι τὸ μεταξὺ τοῦ χειμερινοῦ τροπικοῦ καὶ τοῦ θερινοῦ διάστημα τὴν ὅλην τοῦ ζωδιακοῦ διείληφε λόξωσιν, μοιρῶν ὑπαρχουσαν μη. ἀπὸ μὲν γὰρ τοῦ θερινοῦ τροπικοῦ μέχρι τοῦ ἰσημερινοῦ μοῖραί εἰσι κδ, ἀπὸ δὲ ἰσημερινοῦ μέχρι τοῦ χειμερινοῦ αἱ λοιπαὶ μοῖραι κδ. 3. δῆλον δὲ ὅτι καὶ ἀπὸ μὲν[160] χειμερινῶν τροπῶν μέχρι θερινῶν τὸ ὅλον ἡμικύκλιον διερχόμενος ὁ ἥλιος ἐπὶ βορρᾶν ὑψοῦται, ἔμπαλιν δὲ ἀπὸ θερινῶν μέχρι χειμερινῶν ταπεινοῦται ἐπὶ νότον. μεταξὺ δὲ δηλονότι τοῦ θερινοῦ τροπικοῦ καὶ τοῦ χειμερινοῦ ὁ ἰσημερινὸς ὑπάρχει κύκλος. 4. ὅθεν συμβαίνει δὶς τοῦ ἐνιαυτοῦ τὸν ἥλιον ἐν τούτῳ γίνεσθαι, ἀπὸ μὲν τῶν θερινῶν τροπῶν ἐπὶ τὰς χειμερινὰς τροπὰς ἐρχόμενον κατὰ τὸν ζυγόν, ἀπὸ δὲ τῶν χειμερινῶν ἐπὶ τὰς θερινὰς κατὰ τὸν κριόν, ὥστε συμβαίνειν καθ' ἕκαστον ἡμικύκλιον ποτὲ μὲν ἐπὶ βορρᾶν, ποτὲ δὲ ἐπὶ νότον τοῦ ἰσημερινοῦ τὸν ἥλιον γίνεσθαι.

5. Εἰ οὖν βουληθείημεν καὶ ἑκάστην μοῖραν τοῦ ζωδιακοῦ καθ' ἑκάτερον ἡμικύκλιον εὑρεῖν, πόσον τοῦ ἰσημερινοῦ κύκλου διέστηκεν ἐπὶ τὰ βόρεια ἢ ἐπὶ τὰ νότια, εὑρήσομεν τοῦτον τὸν τρόπον. 6. ⟨ἓν⟩[161] τῶν ἰσημερινῶν σημείων, λέγω δὴ τὴν ἀρχὴν τοῦ κριοῦ ἢ τοῦ ζυγοῦ, δεῖ τῷ ὑπὲρ γῆν ἐφαρμόσαι μεσημβρινῷ,[162] καὶ σημει-

---

158 sic D corr., F: καὶ cett. | **159** sic DF: ἢ cett. | **160** sic DF: τῶν cett. | **161** add. F | **162** sic DF: μεσουρανῷ cett., Hase; cf. supra ad 9,1

ausserhalb, entweder nördlicher von ihr oder südlicher; und deswegen können wir auch nicht ihre Längen genau erfassen, weil – wie gesagt – die Messung der Längen nur im Hinblick auf die Ekliptik geschieht.

15. Wie man für jeden Grad des Zodiakos herausfinden kann, wie weit er nach Norden oder Süden vom Äquator entfernt ist, und ebenso bei der Sonne, dem Mond und den einzelnen Planeten

1. Wir werden unter Anwendung des Instrumentes für jeden Grad des Zodiakos herausfinden, wie weit er nach seiner Breite nach Norden oder Süden vom Äquator entfernt ist, und zwar auf folgende Weise: 2. Im Vorangehenden ist gesagt worden, dass der Zwischenraum zwischen dem Winter- und dem Sommerwendekreis, der die ganze Schiefe der Ekliptik umfasst, 48 Grad beträgt,[38] denn vom Sommerwendekreis bis zum Äquator sind es 24 Grade, vom Äquator bis zum Winterwendekreis die weiteren 24 Grade. 3. Es ist nun klar, dass die Sonne bei ihrem Lauf durch den ganzen Halbkreis von der Winterwende zur Sommerwende sich nach Norden erhebt, und umgekehrt, von der Sommerwende zur Winterwende nach Süden absteigt. In der Mitte zwischen dem Sommer- und dem Winterwendekreis befindet sich logischerweise der Äquator. 4. Daher ergibt es sich, dass die Sonne zweimal im Jahr sich auf diesem befindet, nämlich wenn sie ⟨absteigend⟩ von der Sommerwende zur Winterwende zur Waage kommt, bzw. wenn sie ⟨aufsteigend⟩ von der Winterwende zur Sommerwende zum Widder gelangt, so dass es sich ergibt, dass sich die Sonne auf beiden Halbkreisen, mal nördlich, mal südlich des Äquators, bewegt.

5. Wenn wir nun feststellen wollen, wie weit jeder Grad des Zodiakos auf beiden Halbkreisen vom Äquator nach Norden oder Süden entfernt ist, werden wir dies auf folgende Art herausfinden: 6. Man muss den einen der Äquinoktialpunkte ⟨auf der Arachne⟩, d. h. den Anfang des Widders oder der Waage, auf die Mittagslinie über der Erde verschieben und markieren, auf welchen Parallel-

---

38 Dazu s. oben 3,25ff.

ὤσασθαι ἐν ᾧ πίπτει[163] παραλλήλῳ· εἶτα πάλιν τὴν ζητουμένην τὴν ζωδιακοῦ μοῖραν τῷ αὐτῷ ἐφαρμόσαι μεσημβρινῷ | καὶ σημειώσασθαι ἐν ᾧ πέπτωκε παραλλήλῳ. τούτου δὲ γενομένου, ὅσους ἂν εὕρωμεν παραλλήλους κύκλους ἀπὸ τοῦ ἰσημερινοῦ μέχρις ἐκείνης τῆς μοίρας, τοσαύτας μοίρας αὐτὴν διεστάναι τοῦ ἰσημερινοῦ φήσομεν· πότερον δὲ ἐπὶ τὰ βόρεια ἢ ἐπὶ τὰ νότια, αὐτόθεν ἐκ τῆς ὄψεως τὸ ζητούμενον ἔχομεν. 7. ἐὰν μὲν γὰρ ἔξω τοῦ ἰσημερινοῦ ἡ ζητουμένη μοῖρα πίπτῃ, ὡς ἐπὶ τὸν χειμερινὸν τροπικόν, ὥσπερ ἐπὶ τοῦ τυμπάνου καταγέγραπται, δῆλον ὅτι ἐπὶ τὰ νότια τοῦ ἰσημερινοῦ διέστηκεν· ἐὰν δὲ ἐντὸς τοῦ ἰσημερινοῦ, ὡς ἐπὶ τὸν θερινὸν τροπικόν, ὃν[164] λέγομεν ὑπὸ τοῦ ἰσημερινοῦ περιέχεσθαι, δῆλον πάλιν ὡς ἐπὶ βορρᾶν ἡ ζητουμένη τοῦ ζωδιακοῦ παραλλάττει μοῖρα. 8. δῆλον δὲ τοῦτό ἐστι καὶ ἐξ αὐτῆς μόνης τῆς τῶν ζωδίων θέσεως. εἰ μὲν γὰρ τὰ μετὰ τὴν ἀρχὴν τοῦ κριοῦ ἕως τῆς κθ τῆς παρθένου[165] ζητοῦμεν, δῆλον ὡς ἐπὶ τὸ βόρειον τοῦ ἰσημερινοῦ παραλλάττουσιν· εἰ δὲ τὰ μετὰ τὴν ἀρχὴν τοῦ ζυγοῦ ἕως τῆς κθ τῶν ἰχθύων, ἐπὶ τὸ νότιον τοῦ αὐτοῦ ἰσημερινοῦ[166] τὴν παραλλαγὴν ἕξουσι.

9. Παντὶ δὲ φανερόν, ὡς ἐντεῦθεν ἔχομεν πάντοτε ἥλιον καὶ σελήνην[167] καὶ τῶν πλανωμένων ἀστέρων ἕκαστον, λαβόντες καθ' ἑκάστην τοῦ ζωδιακοῦ γινομένην μοῖραν, πόσον ἢ ἐπὶ νότον ἢ ἐπὶ βορρᾶν τοῦ ἰσημερινοῦ παραλλάττουσι. 10. τὴν γὰρ μοῖραν, ἣν ἐπέχει ὁ ἥλιος ἢ ἡ σελήνη ἢ τῶν πλανωμένων ἀστέρων ἕκαστος, λαβόντες καὶ τὰ προειρημένα πάντα ποιήσαντες εὑρήσομεν τὸ ζητούμενον. ὅσον γὰρ ἡ τοῦ ζωδιακοῦ μοῖρα παραλλάττει τοῦ ἰσημερινοῦ ἐπὶ βορρᾶν ἢ ἐπὶ νότον, τοσαύτην καὶ ἐπ' αὐτῆς ὁ ἀστὴρ τὴν παραλλαγὴν ποιεῖται. 11. τῇ αὐτῇ ⟨δὲ⟩[168] μεθόδῳ χρησάμενοι καὶ ἕκαστον[169] τῶν ἐν τῇ ἀράχνῃ ἀπλανῶν εἰσόμεθα, πότερον νοτιωτέρα ἐστὶν ⟨ἡ ἀπὸ τοῦ ἰσημερινοῦ κατὰ πλάτος ἀπόστασις ἢ βορειοτέρα⟩[170] τοῦ ἰσημερινοῦ, καὶ πόσαις τούτου μοίραις διέστηκεν ἐπὶ θάτερα.

[τέλος].[171]

---

163 πέπτωχεν D m. sec., F | **164** sic DEF: ὃ cett. | **165** sic DE, Tan.: τοῦ αἰγοκερέως cett., Hase | **166** sic DF: μεσουρανοῦ cett., Hase | **167** sic D m. pr., anon. Bon.: ἡλίου ... σελήνης cett. | **168** add. F | **169** sic anon. Bon.: ἑκάστου codd. | **170** sic F: νοτιώτερος ἢ βορειότερος D, Hase | **171** hic addunt A et alii codd. quaedam addidamenta (cf. supra praef.)

kreis er fällt;³⁹ dann muss man den gesuchten Grad des Zodiakos auf dieselbe Mittagslinie verschieben und sich merken, auf welchen Parallelkreis er fällt. Ist dies geschehen, sagen wir, dass, wie viele Parallelkreise es sind vom Äquator bis zum gesuchten Grad, dieser so viele Grade vom Äquator entfernt ist; ob er nun nach Norden oder nach Süden absteht, erfahren wir direkt beim Blick ⟨auf das Instrument⟩. 7. Denn wenn der gesuchte Grad ⟨in den Teil⟩ ausserhalb des Äquators fällt, in Richtung zum Winterwendekreis hin, wie er auf dem Tympanon eingetragen ist, ist es klar, dass er nach Süden vom Äquator entfernt ist; wenn er aber ⟨in den Teil⟩ innerhalb des Äquators fällt, in Richtung zum Sommerwendekreis, der wie gesagt vom Äquator umfasst wird, ist es wiederum klar, dass der gesuchte Grad des Zodiakos nach Norden abweicht. 8. Dies wird auch klar aus der Lage der Tierkreiszeichen selbst: Wenn wir nämlich Grade vom Anfang des Widders bis zum 29. Grad der Jungfrau suchen, ist es klar, dass sie nach Norden vom Äquator abweichen; wenn wir aber Grade vom Anfang der Waage bis zum 29. Grad der Fische suchen, werden sie nach Süden vom Äquator abweichen.

9. Jedem ist klar, dass wir auf diese Weise jederzeit bei der Sonne, dem Mond und jedem einzelnen Planeten feststellen können, indem wir auf dem Zodiakos den betreffenen Grad nehmen, wie weit sie gegen Norden oder Süden vom Äquator abweichen. 10. Wenn wir nämlich den Grad nehmen, welchen die Sonne, der Mond oder jeder einzelne Planet ⟨auf dem Zodiakos⟩ einnimmt, und alles nach der oben erklärten Weise ausführen, werden wir das Gesuchte herausfinden. Denn wie weit der betreffende Grad des Zodiakos vom Äquator nach Norden oder Süden abweicht, so gross ist die Abweichung des auf ihm befindlichen Gestirns. 11. Mit derselben Methode werden wir auch bei jedem auf der Arachne angebrachten Fixstern erkennen, ob er der Breite nach nördlicher oder südlicher vom Äquator absteht, und wie viele Grade er auf diese oder jene Seite abweicht.

[Ende].

---

39 D. h.: man stellt fest, auf welchem Höhen-Parallelkreis der Äquator (auf welchem sich der Äquinoktialpunkt befindet) im betr. Klima liegt.

ANHANG

Abb. 1 Begriffe: der Astrolab(os), die Armillarsphäre, das Planisphärium, das Astrolab(ium)

a) Astrolabos
nach Ptolemaios Synt. 5,1 rekonstruiert von
A. Stückelberger / H. Rohner

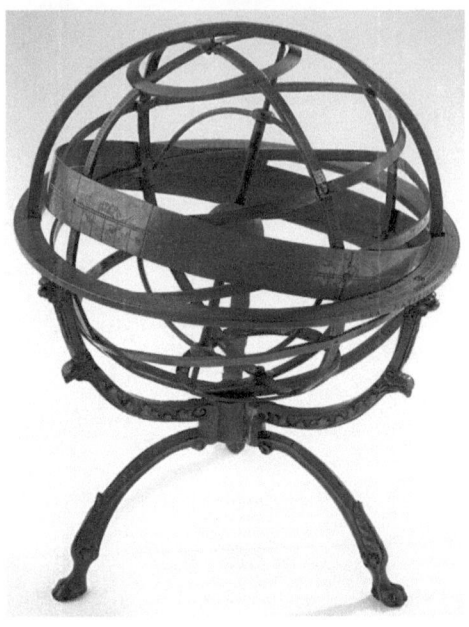

b) Armillarsphäre
von Johann Wagner, Nürnberg, um 1540

c) Planisphärium
aus dem Cod. Bernensis 88, fol. 11v (10. Jh.)

d) Astrolabium
Spanien, um 1260

1. ERLÄUTERUNGEN

1.1. KLÄRUNG DER BEGRIFFE (ABB. 1a-d)

Es gilt, die vier in der Antike gebräuchlichen astronomischen Geräte bzw. Veranschaulichungen des Sternenhimmels, die in der Literatur häufig verwechselt werden, auseinander zu halten:

a) Der Astrolab(os)

Beim Astrolab(os) (*ho astrolabos* = ‚der Sternerfasser') handelt es sich um ein von Hipparch erfundenes, dreidimensionales Visier- bzw. Peilgerät, das aus sieben ineinander gefügten, um die Himmelsachse und die Ekliptikachse drehbaren Ringen besteht, mit welchen die einzelnen Himmelskörper anvisiert und deren Positionen in einem ekliptikalen Koordinatensystem bestimmt werden können. Das Gerät, das wohl auf Hipparch zurückgeht, wird von Ptolemaios, *Syntaxis/Almagest* 5,1 so ausführlich beschrieben, dass es sich rekonstruieren liess; vgl. dazu A. Stückelberger, *Der Astrolab des Ptolemaios. Ein antikes astronomisches Messgerät*, in: ANTIKE WELT 29 (1998) 377-383.

b) Die Armillarsphäre

Die Armillarsphäre (*krikote sphaira*) sieht auf den ersten Blick ganz ähnlich aus wie der Astrolab, hat aber eine vollkommen andere Funktion: Es handelt sich um ein mit verschiedenen Ringen dargestelltes Modell des Sonnensystems, in der Antike mit der Erde in der Mitte, umgeben vom deutlich hervorgehobenen Zodiakalband und den Planetensphären (nach Kopernikus treten auch heliozentrische Modelle auf). Es soll vor allem das Konzept des Weltsystems veranschaulichen und eignet sich nicht für Messungen; es unterscheidet sich vom Astrolab wie ein Geländemodell von einem Kompass. – Um eine solche Armillarsphäre dürfte es sich beim kunstvoll ausgeklügelten Gerät des Archimedes handeln, das die Römer anlässlich der Eroberung von Syrakus erbeutet haben und das Cicero voll Bewunderung beschreibt (*Rep.* 1,22f.). Beim Entwurf der dritten Projektionsmethode für eine Weltkarte denkt sich Ptolemaios die Erde innerhalb einer solchen *krikote sphaira* (*Geogr.*7,6).

c) Das Planisphärium

Beim Planisphärium handelt es sich um eine nordpolzentrierte Sternkarte, auf welcher gewöhnlich allerdings keine einzelnen Sterne, sondern nur die kanonischen Sternbilder – in der Antike 48 – positionsgerecht eingetragen sind. Eine detaillierte Anleitung zur Konstruktion einer solchen Himmelsscheibe mit den entsprechenden konzentrischen Kreisen (Polarkreis, Sommerwendekreis, Himmelsäquator, Winterwendekreis) gibt Ptolemaios in seiner nur in lateinischer Übersetzung aus dem Arabischen erhaltenen Schrift *De planisphaerio*. Solche planisphärische Darstellungen sind in zahlreichen mittelalterlichen Handschriften erhalten, eine besonders schöne im Cod. Bernensis 88, fol. 11v. (10. Jh.); vgl. dazu A. Stückelberger, *Der gestirnte Himmel: Zum ptolemäischen Weltbild* [zum Berner Planisphärium], in: Ch. Markschies u. A., *Atlas der Weltbilder* (Berlin 2011) 42–52.

d) Das Astrolabium

Wiederum ganz anderer Art ist das Gerät, das Philoponos in der vorliegenden Schrift beschreibt und das er zweifellos gegenständlich zur Hand hat. Er nennt es – was Anlass zur Verwirrung geben kann – ebenfalls *astrolabos*, aber man tut gut daran, dieses – im Unterschied zum oben besprochenen dreidimensionalen Gerät – mit dem latinisierten Begriff *Astrolabium* zu bezeichnen, der sich seit dem Mittelalter durchgesetzt hat; ursprünglich wurde es auch – entsprechend seiner hauptsächlichen Verwendung – *horoscopium instrumentum* genannt (s.u. S. 81f.). Es handelt sich um ein zweidimensionales Gerät, welches die Struktur des Planisphäriums mit den konzentrischen Kreisen übernimmt, aber mit beweglichen Elementen, der drehbaren, den Fixsternhimmel andeutenden Arachne/Spinne auf der Vorderseite und dem Diopter/Visierlineal auf der Rückseite, verbindet. Das Astrolabium eignet sich u.a. dazu, die Höhe von Himmelskörpern über dem Horizont zu bestimmen und daraus die Tages- bzw. Nachtzeit abzuleiten, oder Auf- und Untergang von Sternbildern, insbesondere der Tierkreiszeichen, zu ermitteln; Sternpositionen in einem Koordinatennetz können dagegen damit nicht bestimmt werden.

1.2. DAS ASTROLABIUM DES PHILOPONOS

a) allgemeine Charakterisierung

Dass der bekannte Aristoteles-Kommentator, Johannes Philoponos von Alexandria (ca. 470 – ca. 540), Schüler und Nachfolger des Ammonios (gest. um 520) als Lehrer in der Platonischen Schule von Alexandria, selber aber ein Christ, neben seinen theologisch-philosophischen Werken auch einen ganz pragmatischen Traktat über ein zu seiner Zeit offenbar bereits verbreitetes astronomisches Gerät verfasst hat, ist erstaunlich, zeugt aber für sein breitgefächertes Interesse.[1] Allerdings handelt es sich bei seiner Schrift *Peri tes tou astrolabou chreseos kai kataskeues / De usu astrolabii eiusque constructione* (kurz: *De astrolabio*) nicht um eine hoch wissenschaftliche Abhandlung, sondern um eine gut lesbare Schulschrift, die sich an Schüler richtet, die über keine sehr hohen Fachkenntnisse verfügen. Ihre Bedeutung liegt vor allem darin, dass sie die älteste erhaltene Schrift ist, welche das Astrolabium bereits mit all den Details beschreibt, welche später bei den zahlreichen im arabischen und hernach auch im abendländischen Raum verbreiteten Geräten belegt sind.

Dass der Traktat als Gebrauchsanleitung für einen recht unerfahrenen Schüler gedacht ist, zeigt sich in zahlreichen umständlichen Erklärungen und für einen Kenner unnötigen Anweisungen, etwa in der wiederholten Mahnung, dass man die richtige Einlagescheibe mit dem für den Beobachtungsort passenden Klima einlegen soll (5,12; 8,5f.; 9,10.13 u.a. St.), oder dass beim Anvisieren eines Sternes nicht an den Visierlöchern vorbei geguckt werden darf (8,3), oder dass auf dem Zodiakosring der Arachne der Anfang eines Sternzeichens dort ist, wo das vorangehende endet (4,4). Umgekehrt sind keinerlei Erläuterungen zu mathematisch anspruchsvollen Problemen zu finden, wie etwa zur Projektionsmethode, mit welcher die Höhenkreise konstruiert werden (vgl. Abb. 4b), oder

---

[1] Zu den wenigen erhaltenen biographischen Angaben vgl. Wilhelm Kroll, *Joannes Philoponus* (= *Ioannes 21*), RE 9 (1916) bes.1770f.; Walter Böhm, *Johannes Philoponos, Grammatikos von Alexandria (6. Jh. n. Chr.), Christliche Naturwissenschaft im Ausklang der Antike, Vorläufer der modernen Physik, Wissenschaft und Bibel* (München 1967) bes. 25–30.

wie die Krümmung der Stundenlinien zu zeichnen ist, oder warum auf dem exzentrischen Zodiakalring die Tierkreiszeichen verschieden grosse Sektoren einnehmen. Philoponos kennt sich bestens aus in der Anwendung des ihm vorliegenden Instrumentes; ob er über die mathematischen Voraussetzungen verfügt hätte, um das Instrument selber zu konstruieren, bleibe dahingestellt.

b) Gliederung der Schrift

– Einleitung (1)
– Beschreibung des Instrumentes (2–4)
– Handhabung des Instrumentes (5–15)
    – Zeitbestimmung bei Tag (5–7)
    – Zeitbestimmung bei Nacht (8)
    – weitere Anwendungsmöglichkeiten (9–15):
      Meridianbestimmung (9), Aufgang der Tierkreiszeichen (10), Dauer der Temporalstunde (11), Bestimmung der ekliptikalen Länge der Sonne und der Planeten (12/14), Breitenbestimmung der Himmelskörper (15) u.a.

c) Beschreibung des Instrumentes (2–4) (Abb. 2/3)

Nach einer kurzen Einleitung beginnt die Schrift mit einer detaillierten Beschreibung des Instrumentes (2–4): Das ganze Instrument, das mit einem oben angebrachten Haltering (*krikos*: 2,1) bzw. Aufhänger (*artema*: 3,3) emporgehalten werden kann, besteht aus einem festen Behälter (*docheion*/Mater: erst 6,9 und 10,2 genannt), an dem auf der Rückseite ein bewegliches Diopter (*dioptra*) angebracht ist, und in dessen am Rand (*itys*) erhöhte Vorderseite die auswechselbaren Einlagescheiben (*tympana*) und die drehbare Arachne/Spinne (*arachne*) eingelegt werden können. Darüber liegt ein drehbarer Gradzeiger (*moirognomonion*), der über die auf dem erhöhten Rand eingetragene Einteilung von 360 Graden streicht (3,28; 6,9; 10,2). Zu den Dimensionen des Instrumentes werden keine Angaben gemacht.[2] (Abb. 2).

---

[2] Das sog. spanisch-gotische Astrolabium aus dem 14. Jh. (Gunther, *The Astrolabes of the World* Nr. 162) hat einen Durchmesser von 120 mm.

1. ERLÄUTERUNGEN 71

Die Diopterseite (Rückseite: Abb. 3b) verfügt über ein um den Stift in der Mitte drehbares Visierlineal (*dioptra*/Alhidade), auf welchem gegenüber je ein Plättchen (*systemation*) mit einem Visierloch (*trypema*) angebracht ist (vgl. Abb. 3b). Die Kreisfläche der Rückseite ist durch zwei rechtwinklig sich schneidende Geraden in vier Quadranten (*tetartemoria*) unterteilt: die senkrechte, vom Haltering (*krikos*) herabführende Linie entspricht dem Meridian (*mesembrinos*), die waagrechte dem Horizont (*horizon*), welcher die Kreisfläche in zwei Hemisphären (*hemisphairia*) unterteilt. Die beiden oberen Quadranten weisen am Rand (*itys*, Limbus) eine 90-Grad-Einteilung auf, von 0 beim Horizont bis 90 beim Zenit (*koryphe*), mit welcher sich die Höhe über dem Horizont des anvisierten Himmelskörpers bestimmen lässt.

Die in die Vorderseite (Abb. 3a) einlegbaren Tympana/Einlagescheiben (*tympana*) weisen folgende Einzeichnungen auf (vgl. Abb. 4a): Zunächst sind, wie auf der Diopterseite, die zwei sich rechtwinklig schneidenden Geraden eingetragen, die Meridianlinie und die Horizontlinie. Die linke Seite ist mit Aufgang/Osten (*anatole*) beschriftet, die rechte mit Untergang/Westen (*dysis*: 3,11). Auf der oberen Hälfte sind die Parallelkreise (*kykloi paralleloi*) bzw. Höhenkreise über dem Horizont eingetragen und entsprechend nummeriert, bei den Astrolabien mit eingradigen Intervallen 90, bei den mit zweigradigen Intervallen 45 und entsprechend bei den mit dreigradigen Intervallen 30 (3,3ff.).[3] Die ineinander liegenden, um den Zenitpunkt (*koryphe*) angeordneten, aber nicht konzentrischen Kreise sind mittels eines anspruchsvollen Projektionsverfahrens konstruiert, auf das Philoponos nicht weiter eingeht (vgl. dazu Abb. 4b).

Des Weiteren sind auf dem Tympanon, gleich wie beim Planisphärium, die drei Himmelkreise eingetragen, der Äquator (*isemerinos*) und – im der Schiefe der Ekliptik entsprechenden Abstand von je 24 Grad – der nördliche und der südliche Wendekreis (*tropi-*

---

3 Ob Philoponos tatsächlich Astrolabien mit solch feinen Einteilungen gekannt hat, ist zweifelhaft; die früheren überlieferten Astrolabien begnügen sich gewöhnlich mit fünfgradigen oder sechsgradigen Intervallen bzw. mit 18 oder 15 Höhenkreisen.

kos) (3,19ff.).⁴ Ferner ist auf dem Tympanon das Klima (*klima*), bzw. die geographische Breite angegeben, für welche die Eintragungen gelten (3,27), so zum Beispiel nach 10,5 das 3. Klima mit dem Referenzort Alexandria (31° N), der Wirkungsstätte des Philoponos.⁵

Schliesslich sind auf dem Tympanon auch die 12 Stundenlinien (*horiaiai grammai*: 6 tit.) eingetragen (5,18ff.), welche für die Zeitbestimmung benötigt werden; sie sind auf der unteren Seite des Tympanons angebracht, nach der Vorgabe des Ptolemaios, wie ausdrücklich angemerkt wird (6,1), um ein Durcheinander der Linien zu vermeiden.

Über dem darunter liegenden Tympanon wird die A r a c h n e / Spinne bzw. Rete (*arachne*: 4,1-5; 8,1) eingelegt (vgl. Abb. 5). Es handelt sich dabei um ein ganz unterschiedlich gestaltetes, drehbares Gebilde, das den Fixsternhimmel veranschaulicht und dank seiner netzartigen Struktur möglichst viel von der darunter liegenden Tympanonscheibe erkennen lässt. Es weist einen exzentrischen Ring (*zodiakos*) mit den im Gegenuhrzeigersinn angeordneten 12 Tierkreiszeichen (*zodia*) auf⁶ sowie eine Anzahl von Fixstern-Dornen (*moirognomonion*: 8,1; 9,10), welche einige helle Fixsterne positionsgerecht markieren.⁷ In unserem Fall sind es 17 (8,1), von welchen die Wega (*lyraios*) und der Arkturus (*arkturos*: 8,1) sowie die Spica (*stachys*: 8,6) ausdrücklich genannt werden. Dass hier gerade von 17 Fixsternen die Rede ist, hängt wohl damit zusammen, dass Ptolemaios in seinem Fixsternkatalog genau 17 Sterne erster

---

4   Die Konstruktion von Äquator und Wendekreisen basiert auf der Anleitung in der Schrift des Ptolemaios *De planisphaerio*. In einer in den Text hineingerutschten Randbemerkung in 3,25 ist sogar – mit einer kleinen Korruptel – der präzise Wert der Ekliptik von 23° 51' 20"nach Ptol. *Syntaxis* 1,15 erhalten; vgl. app. crit. ad loc.
5   Vorausgesetzt ist die verbreitete Einteilung in 7 Klimata; vgl. die Klimatabelle bei Ptol. *Geogr.* 1,23.
6   Anders als die heute üblichen Sternscheiben, welche den Himmel so abbilden, wie wir ihn von unten sehen (Kartentyp), sind hier die Tierkreisbilder und die übrigen Sterne spiegelbildlich so angeordnet, wie sie bei einem von oben betrachteten Himmelsglobus erscheinen (Globustyp); vgl. dazu A. Stückelberger, *Sterngloben und Sternkarten*, in: Museum Helveticum 47 (1990) bes. 74ff.
7   Die Positionierung der Fixsterne basiert auf der Konstruktion des Planisphäriums (vgl. oben S. 68).

Grössenklasse verzeichnet. Da in der späteren Tradition die Astrolabien sich vom Zeitbestimmungsinstrument – dafür würden 17 Sterne vollauf genügen – immer mehr zum Anschauungsmodell des Fixsternhimmels entwickeln, ist die Anzahl der Sterndornen später häufig vermehrt worden.

d) Handhabung des Instrumentes (5 – 15)

Abgesehen davon, dass das Astrolabium später immer mehr zum Instruktionsgerät geworden ist, an welchem sich mit der Arachne etwa die Drehung des Fixsternhimmels, der Lauf der Sonne durch den Tierkreis oder die Lage der Äquinoktial- und Wendepunkte demonstrieren liess, besteht die wichtigste Funktion des Instrumentes zunächst in der Zeitbestimmung. Bei der Zeitbestimmung bei Tag (5-6) wird recht umständlich erklärt, wie mit dem Diopter die Höhe der Sonne über dem Horizont gemessen und dann der aktuelle Sonnenstandort auf der Arachne auf den entsprechenden Höhenkreis gestellt wird; damit erreicht man, „ dass dieselbe Lage, welche das All zur betreffenden Stunde einnimmt, auch das Instrument veranschaulicht" (5,16); dann wird mit dem Gradzeiger auf den in der unteren Hälfte des Tympanos angebrachten Stundenlinien die Stunde abgelesen bzw. deren Bruchteil ermittelt. Mit demselben Vorgang lässt sich auch ablesen, welches Tierkreiszeichen gerade am Horizont aufgeht und somit den für die Astrologie entscheidenden Horoskop-Punkt (*horoskopun kentron*) darstellt (7,1ff.). Bei der Zeitbestimmung bei Nacht geht man ähnlich vor, indem man einen gut sichtbaren Fixstern anvisiert und dann dessen Dorn auf der Arachne auf den entsprechenden Höhenkreis stellt (8).

Im Anschluss daran werden weitere Anwendungen beschrieben, die z.T. recht praxisfern (9-15) sind:[8] So wird ein Verfahren beschrieben zur Bestimmung des Kulminationspunktes der Sonne (= Meridiandurchgang) bzw. der Sterne durch mehrmaliges Messen der Höhe über dem Horizont, bis diese wieder abnimmt,

---

8 Vgl. oben 6,6 die wenig praktikable Methode, wie bei der Zeitbestimmung mit Tintenstrichen und Faden der Bruchteil einer Stunde ermittelt wird, wo angesichts der geringen Dimensionen des Gerätes eine Abschätzung wohl genauer wäre.

wo doch die Südrichtung mit einem Gnomon einfacher und genauer zu bestimmen wäre (9,1-9; 9,10-13).[9] Aufschlussreich für die Praxis der Zeitmessung ist die vorgeführte Umrechnung der veränderlichen Temporalstunde (*hora kairike* = 1/12 des Sonnentages) in die unveränderliche, unserer Stunde entsprechenden Äquinoktialstunde (*hora isemerina*) (11). Ferner lässt sich mit dem Instrument der Auf- und Untergang der Tierkreiszeichen (10) oder der Standort der Sonne (*epoche*= ekliptikale Länge) im Tierkreis ermitteln (12/13) (den man in jedem Ephemeriden-Kalender nachsehen könnte), für den Fall, „dass wir uns in der Einsamkeit aufhielten und wir nicht den aktuellen Monat kennten oder bei einem Volk wären, das die Monate anders als wir oder überhaupt nicht zählt" (13,19). Schliesslich kann man auch die ekliptikale Länge der Planeten (14) bestimmen sowie die Breite (*platos*: 15,1) bzw. Höhe der Himmelskörper über dem Äquator (= Deklination) (15). Besonders die letzten Anwendungsmöglichkeiten zeigen, dass das Instrument weniger als Messinstrument als vielmehr zu didaktischen Zwecken gebraucht wird.

---

9   Da um den Kulminationspunkt herum die Höhe sich nur geringfügig verändert, ist das Verfahren recht ungenau.

1. ERLÄUTERUNGEN

Abb. 2 Aufbau des Astrolabiums

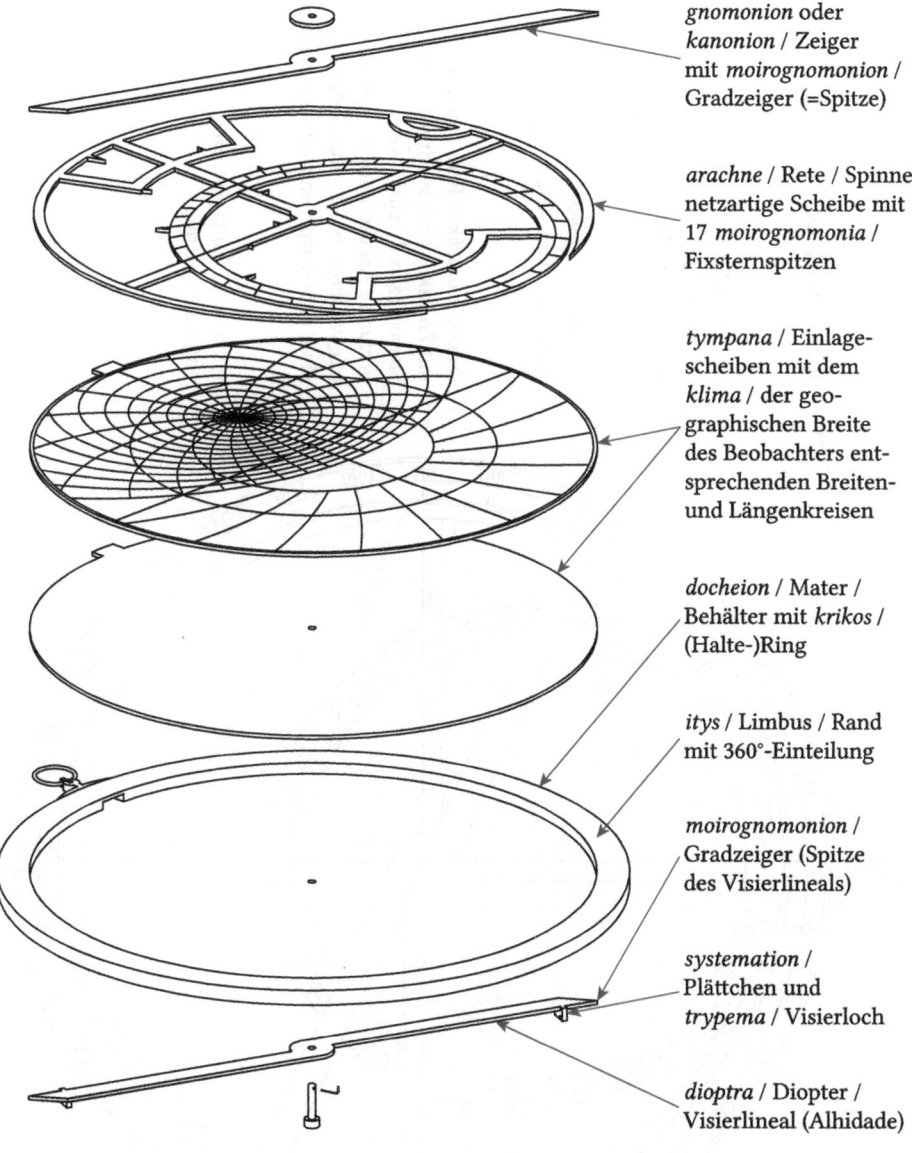

gnomonion oder *kanonion* / Zeiger mit *moirognomonion* / Gradzeiger (=Spitze)

arachne / Rete / Spinne netzartige Scheibe mit 17 *moirognomonia* / Fixsternspitzen

tympana / Einlagescheiben mit dem *klima* / der geographischen Breite des Beobachters entsprechenden Breiten- und Längenkreisen

docheion / Mater / Behälter mit *krikos* / (Halte-)Ring

itys / Limbus / Rand mit 360°-Einteilung

moirognomonion / Gradzeiger (Spitze des Visierlineals)

systemation / Plättchen und *trypema* / Visierloch

dioptra / Diopter / Visierlineal (Alhidade)

Abb. 3a Vorderseite des Astrolabiums (3,1ff.; 4,1–5; 5,17)

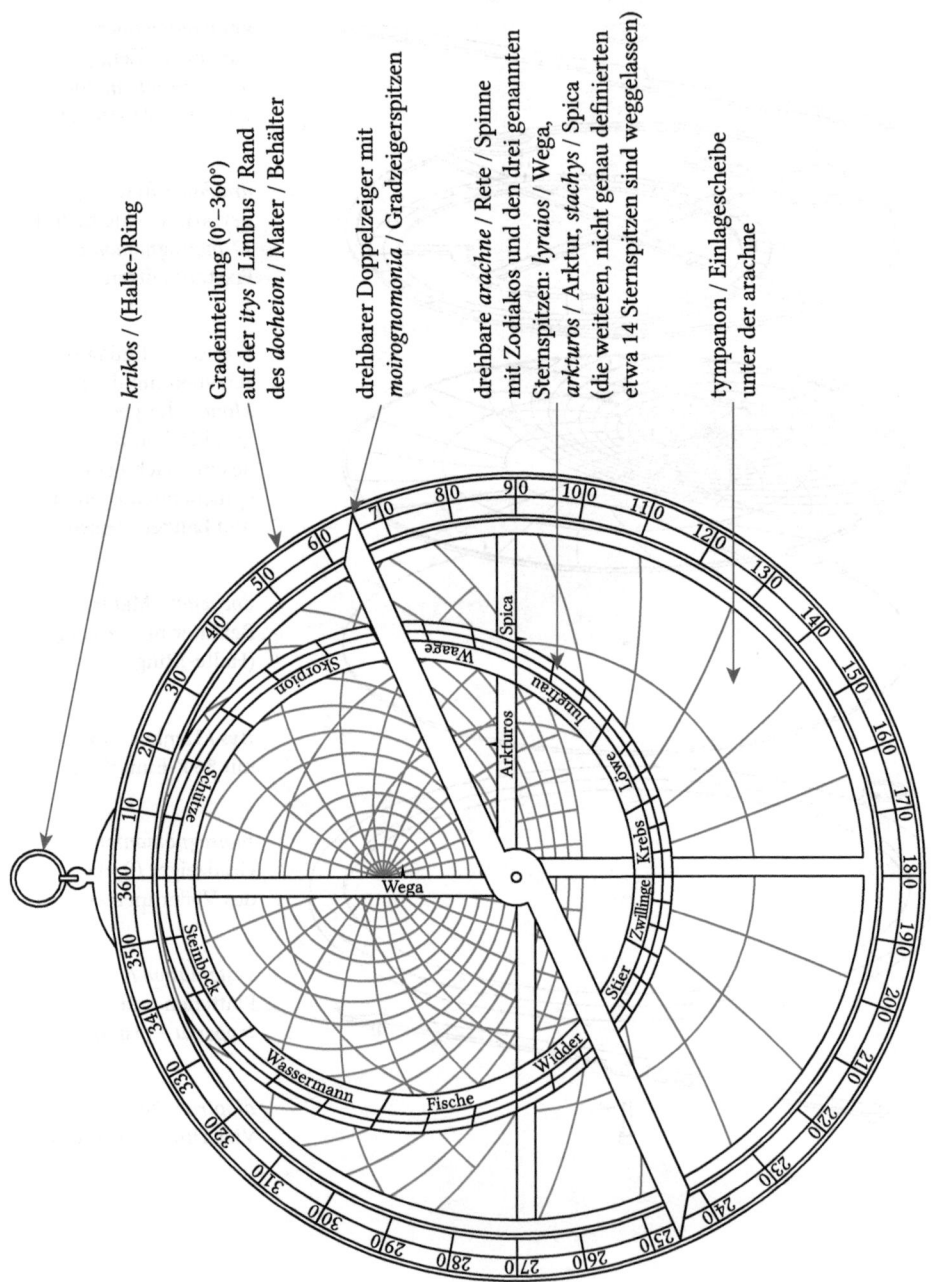

1. ERLÄUTERUNGEN

Abb. 3b Rückseite des Astrolabiums (2,1-5)

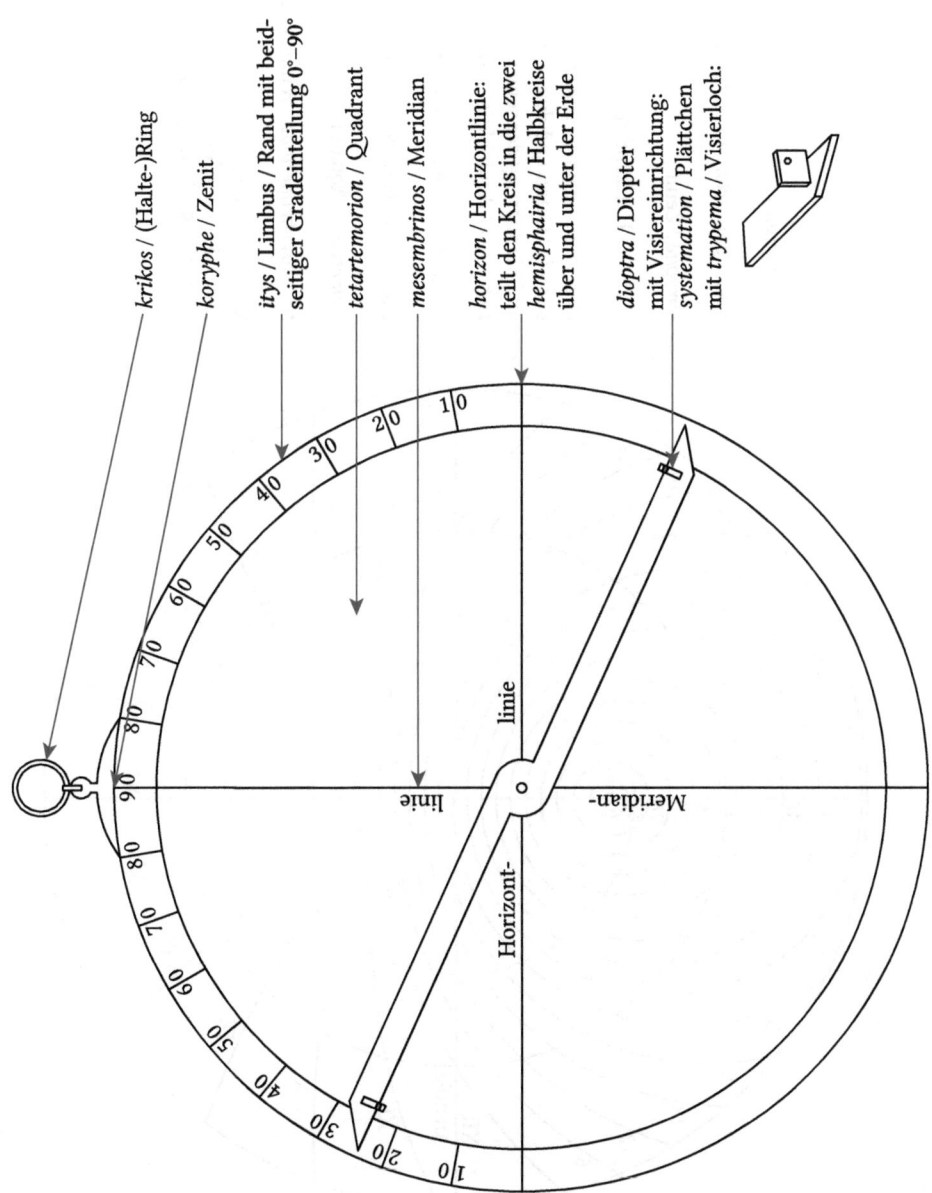

Abb. 4a Tympanon/ Einlagescheibe (3,1–28; 6,1)

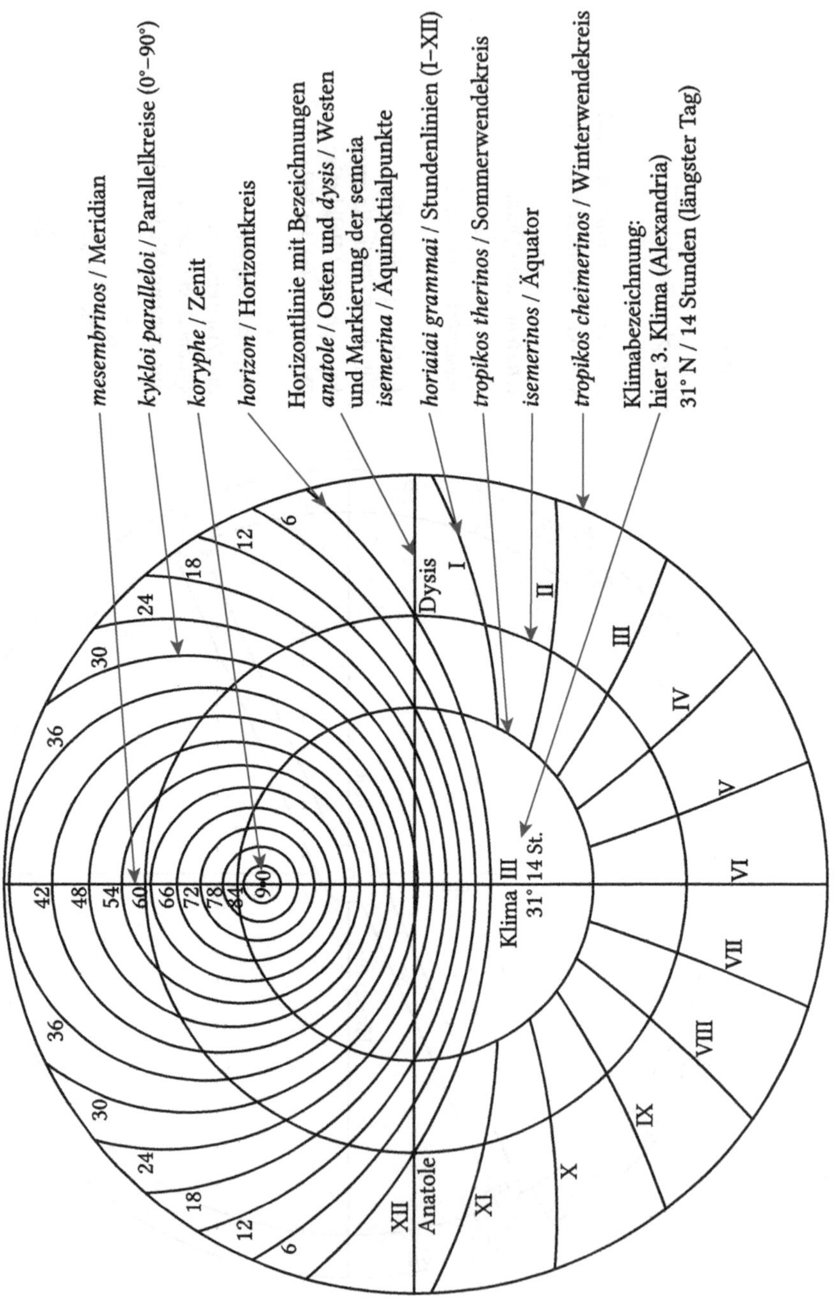
mesembrinos / Meridian
kykloi paralleloi / Parallelkreise (0°–90°)
koryphe / Zenit
horizon / Horizontkreis
Horizontlinie mit Bezeichnungen
anatole / Osten und dysis / Westen
und Markierung der semeia
isemerina / Äquinoktialpunkte
horiaiai grammai / Stundenlinien (I–XII)
tropikos therinos / Sommerwendekreis
isemerinos / Äquator
tropikos cheimerinos / Winterwendekreis
Klimabezeichnung:
hier 3. Klima (Alexandria)
31° N / 14 Stunden (längster Tag)
Dysis
Anatole
Klima III
31° 14 St.
6 12 18 24 30 36 42 48 54 60 66 72 78 84 90
I II III IV V VI VII VIII IX X XI XII

Abb. 4b   Projektion der Höhenkreise

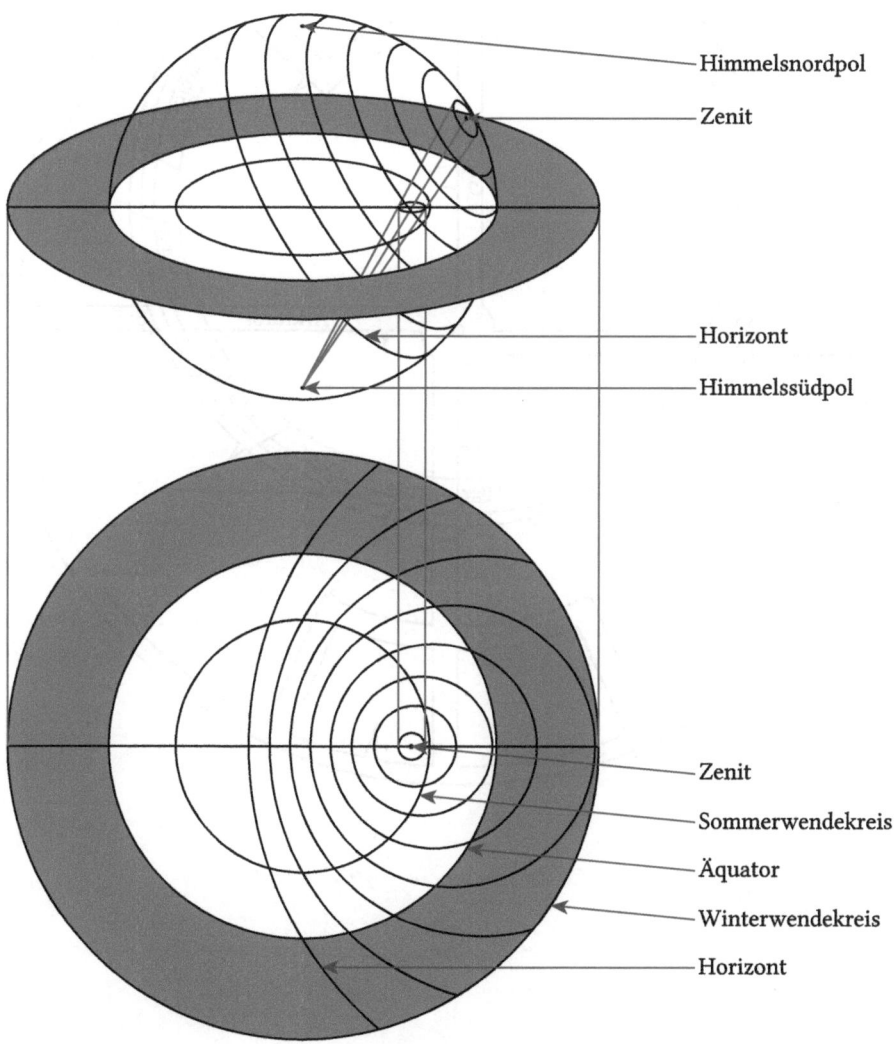

Abb. 5   Arachne/Spinne mit 17 Sternpositionen (4,1–5; 8,1)

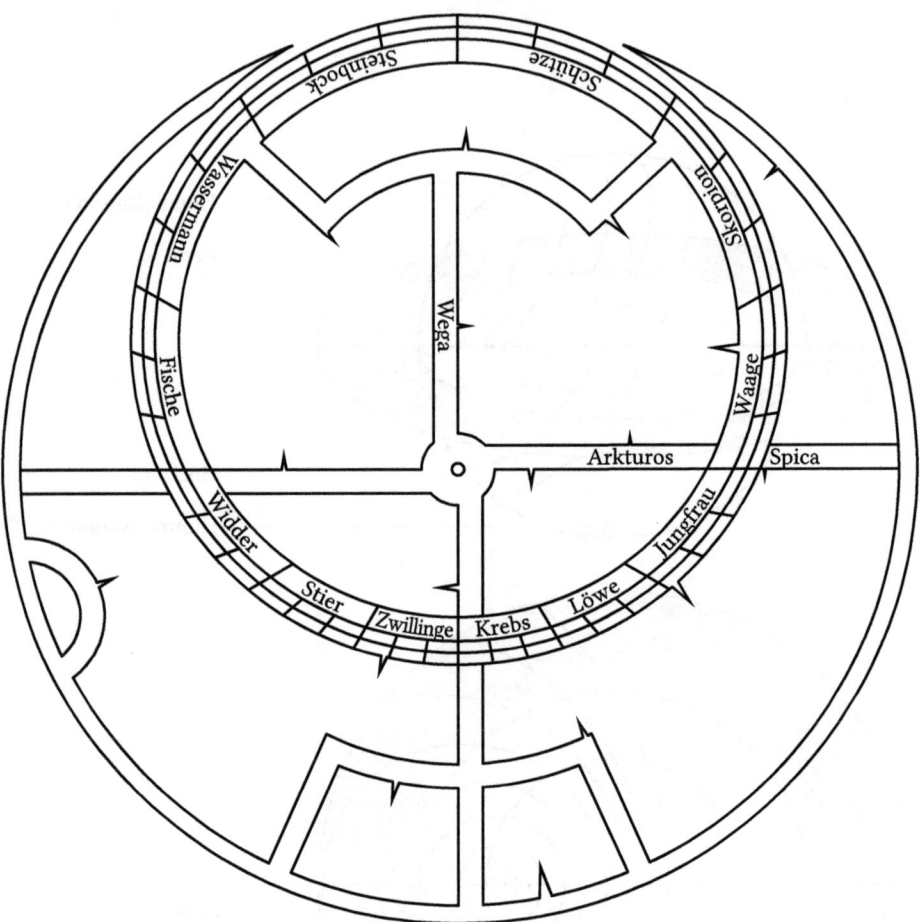

1.3. QUELLEN DES PHILOPONOS UND FRÜHGESCHICHTE DES ASTROLABIUMS[10]

a) Zum Ursprung des Astrolabiums

Über seine Quellen und somit über den Ursprung des Astrolabiums liefert uns Philoponos recht aufschlussreiche Angaben: Gleich aus seiner Einleitung 1,1 geht hervor, dass er eine diesem Gegenstand gewidmete (nicht erhaltene) Schrift seines Lehrers Ammonios aus Alexandria (1. Hälfte 6. Jh. n. Chr.)[11] benützt und an Hand eines ihm vorliegenden Instrumentes dessen Anwendung für weniger Geübte erklärt. Von besonderer Bedeutung ist die Bemerkung in 6,1, nach welcher Philoponos offenbar ein Instrument nach der Bauart des Ptolemaios verwendet, nach dessen Vorgabe die Stundenlinien in der unteren Hälfte des Tympanons angebracht sind.[12] Somit reicht die Geschichte des planisphärischen Astrolabiums mindestens bis Ptolemaios zurück,[13] der neben dem im *Almagest* 5,1 beschriebenen dreidimensionalen Astrolab und neben der nur in lateinischer Übersetzung erhaltenen Konstruktionsanleitung eines Planisphäriums offenbar auch eine Schrift über diesen Gegenstand verfasst hat.[14] Dass Ptolemaios mit der Anwendung dieses Instrumentes durchaus vertraut war, ist durch verschiedene Stellen bezeugt: Nach einer Bemerkung in der *Tetrabiblos* 3,3,1 werden die Horoskop-Punkte „durch Astrolabien" (*di' astrolabon horoskopeion*) bestimmt;[15] die Selbstverständlichkeit, mit welcher hier von diesem Instrument gesprochen wird, lässt auf eine weitere Verbrei-

---

10 Grundlegend dazu: Otto Neugebauer, *The Early History of the Astrolabe*, in: ISIS 40 (1949) 240-256; Nachdruck in: Otto Neugebauer, *Astronomy and History, Selected Essays*, (New York/Berlin 1983) 278-294.
11 Dass Ammonios, der Vorsteher der alexandrinischen Schule und Aristoteles-Kommentator, sich besonders auch in der Astronomie auskannte, bezeugt sein anderer Schüler Damaskios (*Isodori vita* 79).
12 Der Verweis auf die Stundenlinien beweist, dass sich die Quellenangabe weder auf die Beschreibung des dreidimensionalen Astrolabos des Ptolemaios im *Almagest* 5,1 noch auf seine Schrift *De planisphaerio* bezieht, die beide keine Stundenlinien aufweisen.
13 So urteilt auch Neugebauer a. O. (oben Anm. 10) 240f.
14 Zu den Begriffen s. oben S. 67f.
15 Vgl. dazu die Angaben des Philoponos 7,1ff.

tung schon zur Zeit des Ptolemaios (2. Jh. n. Chr.) schliessen. Noch deutlicher ist die Aussage in *De planisphaerio* 14, wo beim *horoscopium instrumentum* ausdrücklich eine *aranea* genannt wird.[16]

Die weitere Vorgeschichte des Astrolabiums ist ungewiss, doch liegt die Vermutung nahe, dass auch hier der grosse Astronom Hipparch aus Alexandria (2. Jh. v. Chr.) Vorarbeiten geleistet hat, der – so berichtet Plinius in der *Naturalis historia* 2,95 – verschiedene astronomische Instrumente (*organa*) geschaffen hat und auf den ja auch die Konstruktion des dreidimensionalen Astrolabs bei Ptolemaios zurückgeht. Dass die planisphärische Darstellung des Himmels längst vor Ptolemaios bekannt war, beweist die Beschreibung einer metallenen Himmelsscheibe für eine Wasseruhr bei Vitruv 9,8,8.[17] Die Rückführung des Ursprungs des Instrumentes auf Hipparch wird gestützt durch eine Briefstelle des Synesios (Bischof von Kyrene, um 400 n. Chr.) *Ad Paeonium* 5,1 (ed. Lamoureux/Aujoulat, *Opuscels* 3,181), dass Hipparch an seinem Instrument (*organon*), einem *nykterinon horoskopeion*, 16 Fixsterne angebracht habe (bei Philoponos sind es 17 Fixsterne).[18]

Zwischen Ptolemaios und Philoponos sind verschiedene Schriften bezeugt, die sich mit dem Astrolabium befassen: Neben dem Testimonium des Synesios und neben der genannten Schrift des Ammonios hat nach dem Zeugnis des byzantinischen Lexikons Suda auch der Mathematiker Theon von Alexandria (2. Hälfte 4. Jh. n. Chr., Vater der Hypatia) einen ‚Kommentar zum kleinen Astrolab' (*eis ton mikron astrolabon hypomnema*) verfasst. Da nun aber all diese Schriften verloren sind, besteht die besondere Bedeutung des Traktates des Philoponos darin, dass er die älteste erhaltene Schrift zu diesem Thema darstellt.

---

16 Vgl. Ptol., *De planisphaerio* 14: ..., *quod in horoscopio instrumento aranea vocatur.*
17 Mit dem sog. Salzburger Planisphärium liegt ein Bruchstück einer solchen Bronzescheibe vor: dazu Alfred Stückelberger, *Bild und Wort* (Mainz 1994) 40 mit Abb. 17a/17b.
18 Vgl. dazu Neugebauer a.O. (oben Anm. 10) 248.

b) Rezeption in der arabischen und abendländischen Welt.

Als im späten 8. und im 9. Jahrhundert, im Zeitalter der aufblühenden Wissenschaften in der arabischen Welt, verschiedene Gelehrte durch Übersetzungen mit den Werken des Ptolemaios in Berührung kamen,[19] fand sogleich auch das Astrolabium grosses Interesse. Es wurden einerseits zahlreiche Schriften zu diesem Thema verfasst, und andererseits entwickelten arabische Handwerker eine beeindruckende Fertigkeit in der Herstellung und Verfeinerung von solchen Instrumenten.

Wie bei vielen anderen griechischen Schriften, die im Arabischen rezipiert wurden, spielt auch hier eine syrische Zwischenstufe eine Rolle: Es handelt sich um die Schrift über das Astrolabium des Severus Sebokht (auch Sebokt/ Sabokt, um 525 – 666/67), des syrischen Gelehrten und nestorianischen Bischofs von Nisibis, welche ihrerseits auf die Schrift Theons von Alexandria zurückgeht;[20] sie weist einige über Philoponos hinausgehende Anwendungsmöglichkeiten des Astrolabs auf, wie etwa die Bestimmung der Breiten- oder Längendifferenz zweier Orte (Kap. 13/14, mit Hilfe von Mondfinsternis-Beobachtungen)[21] oder die Ermittlung des Klimas des Beobachtungsortes (Kap. 17).

Die ältesten der später recht zahlreichen arabischen Schriften zum Thema ‚Astrolab' stammen aus der ersten Hälfte des 9. Jahrhunderts, so die Schrift des Messahalla (gest. 815), oder die Schrift des Khwarizmi (gest. um 850).[22] Dabei brauchen sich die Autoren nicht immer an verbale Vorlagen anzulehnen, sondern können den Stoff auch nach vorliegenden Instrumenten recht selbständig

---

19 Vgl. dazu Florian Mittenhuber/Celâl Sengör, *Die Geographie des Ptolemaios in der arabischen Tradition* (in: A. Stückelberger/F. Mittenhuber, *Ptolemaios. Handbuch der Geographie*, Ergänzungsband (Basel 2009) 336-340.
20 Vgl. François Nau, *Le traité sur l'astrolabe plan de Sévère Sabokt*, in: Journal asiatique, Serie 9, Bd, 13 (1899), 56-101, 238-303. – Engl. Übersetzung aus dem Französischen von Jessie Payne Smith Margoliouth, in: Robert T. Gunther, *The Astrolabes of the World* (AW) Bd. 1 (Oxford 1932) 82-103.
21 So von Ptolemaios, *Geogr.* 1,4,2 vorgeführt.
22 Vgl. dazu Willy Hartner, in: The Encyclopaedia of Islam 1 (Leiden/London 1969) 722 s.v. *Asturlab*; Henri Michel, *Traité de l' Astrolabe* (Paris 1947, Nachdr. 1976); dort bes. 180-185: eine Gesamtübersicht über die arabischen Traktate zum Astrolab.

behandeln; es bleibt jedoch das Bewusstsein des griechischen Ursprungs erhalten, wie eine Stelle beim arabischen Universalgelehrten Al-Biruni (973-1048) zeigt:

„Hamaza al-Isbahani erzählt in seinem Buch des ‚Abwägens‘, dass es sich beim Astrolab um einen persischen Ausdruck handelt, der arabisiert worden sei. ... Aber die arabisierte Form kann ebenso gut wie aus dem Persischen auch aus dem Griechischen stammen. Sein griechischer Name ist nämlich ‚astrolabon‘, und ‚astro‘ ist der Stern. ... Zu diesem Instrument haben wir über seine Herstellung wie auch über seine Verwendung alte Bücher der Griechen gefunden." (Übers. G. Strohmaier aus Al-Biruni, Az-zilal S. 69).[23]

Über Kontakte mit der arabischen Welt in Spanien wurde das Instrument auch im Abendland bekannt. Ein entscheidender Vermittler dürfte Gerbert von Aurillac (um 950 – 1003) gewesen sein, der bedeutende Gelehrte und spätere Papst Silvester II, der an den islamischen Universitäten in Sevilla und Cordoba studierte und sich besonders für Astronomie interessierte. Im 9. /10. Jh. sind die ersten, noch anonymen lateinischen Übersetzungen von arabischen Astrolabtraktaten entstanden. Einer der ältesten Texte, der mit mehreren detailreichen Figuren ausgestattet ist, findet sich am Anfang des ursprünglich aus Fleury stammenden, heute in der Burgerbibliothek Bern verwahrten Codex 196 aus dem 9./10. Jh.[24] Eine besondere Rolle auf dem Weg der Überlieferung spielt auch das sog. Konstanzer Fragment,[25] ein Bruchstück einer etwa um 1000 in Reichenau kopierten, auf einer noch älteren Vorlage beruhenden

---

23 Gotthard Strohmaier, *Al-Biruni. In den Gärten der Wissenschaft* (Leipzig 1988) 101f.
24 Cod. Bernensis 196, fol. 1r – 8v (9./10. Jh.): s. dazu Martin Schramm u.A., *Der Astrolabtext aus der Handschrift Codex 196, Burgerbibliothek Bern – Spuren arabischer Wissenschaft im mittelalterlichen Abendland*, in: Zeitschrift für Geschichte der arabisch-islamischen Wissenschaften 17 (2006/2007) 199 – 300 (mit Transkription, dt. Übersetzung und sch/w Abbildung des Textes).
25 Konstanzer Fragment: Konstanz, Stadtarchiv, Fragmentsammlung Mappe 2, Umschlag 8, Stück 7; ein Doppelblatt mit einem lateinischen, mit zahlreichen arabischen Ausdrücken durchsetzten Text zum Astrolab, dessen Bedeutung Arno Borst erkannt hat (vgl. folgende Anm.).

lateinischen Lehrschrift über das Astrolab.[26] Die zahlreichen in diesen Schriften enthaltenen latinisierten arabischen Fachausdrücke lassen an der islamischen Herkunft keinen Zweifel. In dieser Tradition stehen dann die zwei Traktate über das Astrolab von Hermann von Reichenau (Hermannus Augiensis bzw. Hermannus Contractus, 1013 – 1054), *Liber de mensura astrolabii* und *De utilitatibus astrolabii*, welche für die weitere Verbreitung der Astrolabkunde im Mittelalter von entscheidender Bedeutung waren,[27] wie die über 50 erhaltenen, in ganz Europa verstreuten Handschriften beweisen.[28]

Neben den verbalen Beschreibungen fand auch das Instrument selbst in der islamischen Welt eine riesige Verbreitung, von der die heute noch erhaltenen etwa 750 Instrumente zeugen.[29] Die ältesten reichen ins 9./10. Jahrhundert zurück, unter ihnen das sog. Astrolabium von Bagdad (# 3702), das allerdings möglicherweise eine osmanische Kopie eines abbassidischen Instrumentes ist.[30]

26 Zu den recht verschlungenen Wegen dieses Transferprozesses s. Arno Borst, *Wie kam die arabische Sternkunde ins Kloster Reichenau?* (Konstanz 1988) bes.7 ff.; ders., *Astrolab und Klosterreform an der Jahrtausendwende*, Heidelberger Akademie der Wissenschaften, Phil.-hist. Klasse, Bericht 1 (1989), mit einer Edition des Konstanzer Fragmentes (112-127).

27 Ed. Migne, Patrologia Latina 143 (Paris 1882; Nachdruck 1991) 381-389: *De mensura astrolabii*, 389-411: *De utilitatibus astrolabii* [nach der Edition von Bernhard Pez von 1721, heute überholt]; zuverlässiger die Ausgabe der ersten der beiden Schriften von Joseph Drecker, *Hermannus Contractus, Über das Astrolab*, in: ISIS 16 (1931) Nr. 2, 200-219; neuere Ausgaben der beiden Schriften in: Robert T. Gunther, *The Astrolabes of the World* (AW) 2,404-408: *De mensura astrolabii by Hermannus Contractus*; 2,409-422: *De utilitatibus astrolabii by Hermannus Contractus*. – Bei der zweiten Schrift *De utilitatibus astrolabii* handelt es sich um eine Überarbeitung eines aus dem Kreise Gerberts von Aurillac stammenden Traktates. Vgl. dazu Arno Borst, *Die Astrolabschriften Hermanns des Lahmen*, in: *Ritte über den Bodensee* (Bottighofen 1992) 242-273.

28 Zu den Handschriften s. A. Borst (a.O. obige Anm.) 244; 267.

29 Vgl. dazu Petra G. Schmidl, *Islamische Astronomie – eine kurze Einführung*, in: *Ex Oriente Lux? Wege zur neuzeitlichen Wissenschaft* (Mainz 2009) 128f.; David A. King (*Die Astrolabiensammlung des Germanischen Nationalmuseums*, in: Focus Behaim Globus (Ausstellungskatalog hgb. von Gerhard Bott, Nürnberg 1992) 106; W. Hartner a.O. (oben Anm. 22) 723.

30 Nummerierung nach der *International Checklist of Astrolabes* (s.u. Bibliographie). – Vgl. dazu King a. O. (unten Anm. 31) II 397.

Über Spanien ist dann das Instrument, zusammen mit den ersten Beschreibungen, im abendländischen Bereich bekannt geworden und hat auch dort grosse Beliebtheit erlangt. Die ältesten von den etwa 700 noch erhaltenen europäischen Astrolabien stammen aus dem 10./11. Jahrhundert,[31] so das sog. ‚Karolingische Astrolabium' mit der Tympanon-Beschriftung ‚Roma et Francia' (# 3042),[32] oder das einzige erhaltene byzantinische Astrolabium (# 2), das auf 1062 datiert ist. In dieser kaum übersehbaren Fülle von Instrumenten, die zu den Prunkstücken wissenschaftsgeschichtlich orientierter Museen gehören, endet die Erfolgsgeschichte des planisphärischen Astrolabiums, das letztlich auf Hipparch und Ptolemaios zurückgeht und dessen älteste Beschreibung hier in der Schrift des Philoponos vorliegt.

---

31 Dazu bes. David A. King, *Astrolabes from Medieval Europe* (Farnham 2011).
32 Die umstrittene Datierung ins 10. Jh. begründet ausführlich King a.O. (oben Anm. 31) II 359–385; interessant ist die auf der Tympanonscheibe mit griechischen Buchstaben vermerkte Klimabezeichnung MA L (= 41 1/2 °).

2. BIBLIOGRAPHISCHE ANGABEN

ABKÜRZUNGEN UND SYMBOLE

AW　　　Robert T. Gunther, *The Astrolabes of the World* (Oxford 1932, Nachdruck London1976), 2 Bde. (s.u.).
RE　　　Pauly-Wissowa, *Realencyclopädie der classischen Altertumswissenschaften* (Stuttgart 1894ff.).
#　　　　Nummern der *International Checklist of Astrolabes* (s. u. Gibbs/Henderson/Price).

2.1. ÄLTERE TEXTAUSGABEN, ÜBERSETZUNGEN UND TEXTKRITISCHE BEMERKUNGEN ZUR SCHRIFT DES PHILOPONOS

Heinrich Hase, *Joannis Alexandrini, cognomine Philoponi, de usu astrolabii eiusque constructione libellus*, in: Rheinisches Museum für Philologie (a.F.) 6 (1839) 127-171 [als Sonderheft nur in wenigen Exemplaren erhalten].

Joseph Drecker, *Des Johannes Philoponos Schrift über das Astrolab*, dt. Übers., in: ISIS 11 (1928) 15-44.

Paul Tannery, *Notes critiques sur le traité de l'Astrolabe de Philopon*, in: Revue de philologie, de littérature et d'histoire anciennes 12 (1888) 60-73.

Paul Tannery, *Jean le grammairien d'Alexandrie (Philopon) sur l'usage de l'astrolabe et sur les tracés qu'il présente*, trad. par P.T., in: Memoires scientifiques 9, postum hgb. von J.L. Heiberg/ H.-G. Zeuthen (Toulouse/Paris 1929) 341-367.

Herbert W. Greene, *Treatise concerning the Using and Arrangement of the Astrolabe and the Things engraved upon it: that is to say, what each signifies*, in: Robert T. Gunther, *The Astrolabes of the World* (AW) 1 (1932), 61-81 [basiert nur auf Hases Text, dazu O. Neugebauer: the translator was not familiar with the astronomical terminology].

2.2. ZU PHILOPONOS

Wilhelm Kroll, *Joannes Philoponus* (= *Ioannes 21*), RE 9 (1916) 1764-1795.

Walter Böhm, *Johannes Philoponos, Grammatikos von Alexandria (6. Jh. n. Chr.), Christliche Naturwissenschaft im Ausklang der Antike, Vorläufer der modernen Physik, Wissenschaft und Bibel* (München 1967).

2.3. SPÄTERE, FÜR DIE REZEPTIONSGESCHICHTE BEDEUTSAME ASTROLAB-TRAKTATE

a) Severus Sebokht (auch Sebokt/Sabokt), um 650

François Nau, *Le traité sur l'astrolabe plan de Sévère Sabokt*, in: Journal asiatique, Serie 9, Bd, 13 (1899), 56-101, 238-303.

Jessie Payne Smith Margoliouth, *Description of the Astrolabe by Severus Sabokt* [aus dem Französischen übersetzt], in: Robert T. Gunther, *The Astrolabes of the World* (AW), Bd. 1, 82-103.

b) Übersicht über die islamischen Astrolab-Schriften, ab dem 9. Jh.

Hernri Michel, *Traité de l'Astrolabe* (Paris 1947, Nachdruck 1976): 180-185 eine Gesamtübersicht über die arabischen Traktate zum Astrolab.

c) Anonymus im Cod. Bernensis 196, fol. 1r–8v, 9./10. Jh.

Martin Schramm u.A., *Der Astrolabtext aus der Handschrift Codex 196, Burgerbibliothek Bern – Spuren arabischer Wissenschaft im mittelalterlichen Abendland*, in: Zeitschrift für Geschichte der arabisch-islamischen Wissenschaften 17 (2006/2007) 199 – 300 [mit Transkription, dt. Übersetzung und sch/w Abbildung des Textes].

d) Hermann von Reichenau/Hermannus Augiensis (= Hermann der Lahme/Hermannus Contractus), 1013-1054.

Migne, Patrologia Latina 143 (Paris 1882; Nachdruck 1991) 381-389: Hermannus Contractus, *De mensura astrolabii*); 389-411: Hermannus Contractus, *De utilitatibus astrolabii* [nach der Edition von Bernhard Pez von 1721, heute überholt].

Joseph Drecker, *Hermannus Contractus, Über das Astrolab*, in: ISIS 16 (1931) Nr. 2, 200-219.

Robert T. Gunther, *The Astrolabes of the World* (AW) 2,404-408: *De mensura astrolabii by Hermannus Contractus*; 2,409-422: *De utilitatibus astrolabii by Hermannus Contractus*.

2.4. ZUR FRÜHGESCHICHTE DES ASTROLABS

Arno Borst, *Wie kam die arabische Sternkunde ins Kloster Reichenau?* (Konstanz 1988).

2. BIBLIOGRAPHISCHE ANGABEN 89

Arno Borst, *Astrolab und Klosterreform an der Jahrtausendwende*, Sitzungsberichte der Heidelberger Akademie der Wissenschaften, Phil.-hist. Klasse, (Jg. 1989, Bericht 1).

Arno Borst, *Die Astrolabschriften Hermanns des Lahmen*, in: *Ritte über den Bodensee* (Bottighofen 1992) 242-273.

Martin Brunold, *Der Messing-Himmel. Eine Anleitung zum Astrolabium* (La Chaux-de-Fonds 2001).

Encyclopaedia Iranica, Bd. 2 (London 1987) 853-857 s.v. *Astorlab* (David E. Pingree).

The Encyclopaedia of Islam (New Edition) Bd. 1 (Leiden/London 1960) 722-728 s.v. *Asturlab* (Willy Hartner).

Sharon L. Gibbs/Janice A. Henderson/Derek de Solla Price, *A Computerized Checklist of Astrolabes* (New Haven 1973) mit #-Nummern.

Robert T. Gunther, *The Astrolabes of the World* (= AW), 2 Bde., durchnummeriert (Oxford 1932, Nachdruck London 1976).[enthält Beschreibungen und Abbildungen von gegen 200 Astrolabien aus verschiedenen Kulturbereichen sowie die Astrolab-Traktate von Philoponos (engl. Übers.), Sabokt (engl. Übers. aus dem Franz.) und Hermann von Reichenau (lat. Text): s.o.].

David A. King, *The Origin of the Astrolabe According to the Medieval Islamic Sources*, in: Journal for the History of Arabic Science 5 (1981) 43-83. Nachdruck in: Islamic Astronomical Instruments (London 1987).

David A. King, *Die Astrolabiensammlung des Germanischen Nationalmuseums*, in: Focus Behaim Globus (Ausstellungskatalog hgb. von Gerhard Bott, Nürnberg 1992) 101-114.

David A. King, *Astrolabes from Medieval Europe* (Farnham 2011).

Otto Neugebauer, *The Early History of the Astrolabe*, in: ISIS 40 (1949) 240-256; Nachdruck in: O. Neugebauer, *Astronomy and History, Selected Essays* (New York/Berlin 1983) 278-294.

John David North, *The Astrolabe*, in: Scientific American 230 (1974) 96 - 106; nachgedruckt in: J. D. North, *Stars, Minds and Fate - Essays in Ancient Medieval Cosmology* (London 1989).

Petra G. Schmidl, *Islamische Astronomie - eine kurze Einführung*, in: *Ex Oriente Lux? Wege zur neuzeitlichen Wissenschaft* (Begleitband zur Sonderausstellung ‚Ex oriente lux?' in Oldenburg, Mainz 2009)125-139.

Martin Schramm u.A., *Der Astrolabtext aus der Handschrift Codex 196, Burgerbibliothek Bern - Spuren arabischer Wissenschaft im mittelalterlichen Abendland*, in: Zeitschrift für Geschichte der arabisch-islamischen Wissenschaften 17 (2006/2007) 199 - 300.

Fuat Sezgin, *Wissenschaft und Technik im Islam, Katalog der Instrumentensammlung des Institutes für Geschichte der arabisch-islamischen Wissenschaften*, Bd. 2, Astronomie (Frankfurt a.M.) bes. 79-135 zu den Astrolabien.

Alfred Stückelberger, *Sterngloben und Sternkarten*, in: Museum Helveticum 47 (1990) bes. 74ff.

Alfred Stückelberger, *Der Astrolab des Ptolemaios. Ein antikes astronomisches Messgerät*, in: ANTIKE WELT 29 (1998) 377-383.

Alfred Stückelberger, *Der gestirnte Himmel. Zum ptolemäischen Weltbild* [Berner Planisphärium], in: *Atlas der Weltbilder*, hgb. von Ch. Markschies u.A. (Berlin 2011) 42-52.

3. WORT-INDEX

3.1. EIGENNAMEN

Ἀμμώνιος (Ammonios, Sohn des Hermeias, Aristoteles-Kommentator) 1,1
Πτολεμαῖος (Klaudios Ptolemaios, Astronom) 6,1

3.2. INDEX DER WICHTIGSTEN ASTRONOMISCHEN TERMINI

Bei Wörtern, die sehr häufig vorkommen (passim), sind nur die erste Belegstelle und einige weitere einschlägige Stellen angeführt.

αἰγοκέρως (Steinbock/Capricornus): 3,23.26; 13,2ff.; 13,15.23
ἀνατολή/ἀνατολικός (Aufgang/Osten, östlich): 2,3ff.; 3,11.14; 5,10.13.19; 6,3f.; 7,2; 8,5; 9,2; 10,1; 11,1.4; 13,7.15; 14,2f.
ἀράχνη (Arachne/Spinne/Rete): 3,19.26; 4 tit., 4,1; 5,12.15; 6,6f.9; 7,5; 8,1f. 6; 9,4.8.13; 10,2.4ff. 8; 11,1f.4f.;12,4; 13,18; 14,2; 15,11
ἀρκτοῦρος (Arkturus): 8,1
ἄρτημα (Aufhänger): 3,3.10; 5,3; 8,2
ἀστήρ ⟨ἀπλανής⟩ (Fixstern): 2,3; 3,11; 4,1f.; 5,4; ἀστέρες ἀπλανεῖς 8 tit., 8,1ff. (17 Fixsterne auf der Arachne); 9 tit., 9,1ff. 10ff.; 14,2 .4; 15,9f.
ἀστρολάβος (sic; Astrolabium):1tit., 1,1; 2,5; ἀστρολάβοι μονομοιριαῖοι/διμοιριαῖοι/τριμοιριαῖοι 3,3.6.8f. 15.28; 5,14
βορρᾶς/βόρειος (Norden, nördlich): 3,27 (β. πόλος); 13,2.13; 14,5; 15 tit., 15,1ff.
γνωμόνιον (Zeiger): 7,5 (vgl. μοιρογνωμόνιον)
διάμετρος f. (Durchmesser): 2,2; 3,8: 5,17f.; 6,2ff.; 7,1.3
δίδυμοι (Gemini/Zwillinge): 13,5f. 11.17ff.
δίοπτρα (Diopter/Visierlineal): 2 tit., 2,1ff.; 3,1.2.10.16.28; 5,1.5ff.; 7,5; 8,2.4
δοχεῖον (Behälter, Mater): 6,9; 10,2.4
δύσις/δυτικός (Untergang/Westen, westlich): 2,3ff.; 3,11.14.18; 5,10.13.18f.; 6 tit., 6,3.5; 7,1.3; 8,5.8; 9,2.8f. 11; 10,8; 11,2.4; 13,7.15; 14,2f.
ἔξαρμα (Höhe sc. Über dem Horizont): 2,3
ἐποχή (ekliptikale Länge der Sonne oder eines anderen Gestirns): 12 tit., 12,1; 13,16f.; 14 tit., 14,1.4f.
ἐφημερίς (Ephemeriden-Tabelle): 5,11; 8,7
ζυγός (Waage/Libra): 3,21.26; 5,17; 6,2; 13,7.11.13.15.22f.; 15,4.6.8
ζωδιακός (Zodiakos/Tierkreis): 3 tit., 3,25f.; 4,1ff.; 5,12; 6,7; 7,2; 9 tit., 12,4; 13 tit., 13,1ff.; 14,3.5; 15 tit., 15,1.5ff.
ζῴδιον (Tierkreisbild): 12 Tierkreisbilder 4,3ff; 5,11.15; 7,2ff.; 9,4.8.13; 10 tit., 10,1.7f.; 13,3.7; 14,1; 15,8

ἥλιος (Sonne; s. auch ἐποχή): 2,3.5; 3,11,17,19; 5 tit., 5,1ff.; 6,2ff.; 7,2; 8,4ff.; 9 tit., 9,1ff.; 11,1f. 4; 12 tit., 12,1ff.; 13 tit., 13,2.17ff.; 14,4; 15 tit., 15,3f. 9f.
ἡμέρα καιρική: s. καιρικός
ἡμικύκλιον (Halbkreis): 2,2; 3,11.14.17.21f.; 5,5; 6,1; 8,7; 15,3ff.
ἡμισφαίριον (Halbkugel, ὑπὲρ γῆν und ὑπὸ γῆν): 2,2; 3,5ff. 17.20; 6,1.4f.; 7,4; 11,2; 13,7
θερινὸς τροπικός (Sommerwendekreis): s. τροπικός
ἰσημερία (ἐαρινή bzw. μετοπωρινή: Frühlings- bzw. Herbstäquinoktium):12,3
ἰσημερινὸς (sc. κύκλος: Äquator): 3,21.24f. 27; 10,2; 12,3; 15 tit., 15,1ff.
ἰσημερινὰ (sc. σημεῖα: Äquinoktialpunkte): 3,21; 13,10ff.; 15,6
ἰσημερινὰ ζώδια (äquinoktiale Tierkreiszeichen: Widder und Waage): 13,3.7f.
ἰσημεριναὶ ὧραι (Äquinoktialstuden): s. ὥρα
ἰσημερινοὶ χρόνοι: s. χρόνος
ἴτυς (Rand des Instrumentes): 3,28; 5,2.4; 6,9; 7,5; 11,4
ἰχθύες (Fische/Pisces): 4,3f.; 13,12f. 23; 15,8
καιρικός: καιρικὴ ἡμέρα/bzw. νύξ (Temporaltag bzw. -nacht: = Zeit von Sonnenaufgang bis Sonnenuntergang bzw. vice versa): 11,1.4f.; s. auch ὥρα
κανόνιον (Visierlineal): 5,9
καρκίνος (Krebs/Cancer): 3,19.26; 13,2ff. 8f. 11.17f. 22
κέντρον (Zentrum): 3,8; τέσσαρα κέντρα (vier Kardinalpunkte): 7 tit., 7,1.3f.; 8,8; ὡροσκοποῦν κ. und μεσουρανοῦν κ. 7 tit., 7,1ff.; δυτικὸν κ. 7,1.3
κλίμα (geographische Breitenzone): 2,1; 3 tit., 3,1, 26ff.; 5,12f.; 7,5; 8,5f.; 9,10.13; 10,1.5.7; 12,4; 14,2f.
κορυφή (Zenit): 2,4; 3,8ff. 13; 5,3
κρίκος (Aufhängering): 2,1f.; 3,2.11; 5,1
κριός (Widder/Aries): 3,21.26; 4,3f.; 5,12; 6,2; 7,2; 9,4; 13,7.11ff. 22f.; 15,4.6.8
κύκλος (Kreis): 3,3ff. passim; 4,2; 5,1.13ff.; 6,1f.; 8,6; 9,1; 10,5f.; 15.3.6; s. auch ἰσημερινός, παράλληλος, τροπικός
λέων (Löwe/Leo): 13,5f.11
λοξὴ κίνησις (gegenüber der Ekliptik geneigte Bewegung): 14,5
λόξωσις (sc. τοῦ ζωδιακοῦ: Schiefe der Ekliptik): 3 tit., 3,26; 13,4; 15,2
λυραῖος (sc. ἀστήρ: Wega): 8,1.6
μεσημβρία (Mittag): 3,11; 5,9.13.18; 8,5; 9,1f. 5ff.; 12,2; 13,19
μεσημβρινός (Meridian): 2,1ff.; 3,1.11.14.26; 7,4; 8,5; 9 tit., 9,1.3ff. 9ff.; 12,4; 13,8; 15,6
μεσουρανοῦν: s. κέντρον
μοῖρα (Grad): passim: 2,3; 3 tit., 3,8ff.; 5,10ff.; 6,2ff.; Einteilung des Kreises in 360 Grade: 3,28; 6,9; 7,5; 10,2.4ff.; Einteilung des Quadranten in 90 Grade: 2,3ff.; 3,13; 5,1; 8,2
μοιρογνωμόνιον (Gradzeiger beim Visierlineal und Sternspitze auf der Arachne): 2,3; 5,9; 6,7ff.; 8,1.4.6; 9,10ff.; 10,4ff.; 11,1f. 4.f.; 14,2
μυλοειδὴς τοῦ παντὸς θέσις („mühlenförmige' Lage des Alls): 3,6
νότος/νότιος (Süden, südlich): 3,25.27 (πόλος); 13,2.13; 14,5; 15 tit., 15,1ff.
οἴκησις (Beobachtungsort): 2,4; 3,8.10.27
ὀπή (Visierloch): 5,8; 8,2

3. WORT-INDEX

ὄργανον (Instrument): 2,1.4; 3,8.11f. 22; 4,3.6; 5,1.3ff. 12; 6,1.9; 7 tit.; 8,2; 10,1ff.; 11,4; 12 tit., 12,1; 14,1
ὁρίζων (Horizont): 2,1ff.; 3,2ff. passim; 5,3.10; 6,3f.; 7,2f.; 8,4; 9,2.7f; 10,1.8; 11,4; 13,15.22; 14,2f.
παραλλάττειν (abweichen, von der Ekliptik oder dem Äquator) 14,1.5; 15 tit., 15,7ff.
παράλληλοι (sc. κύκλοι: Parallelkreise = Höhenkreise über dem Horizont): 3,6f. 19ff. passim; 5, 3.15ff.; 6,1.7f.; 7,2f.; 8,5f.; 9,1ff. passim; 10,5ff.; 11,1ff.; 12,4; 13 tit., 13,1ff. passim; 14,2ff.; 15,6
παρθένος (Jungfrau/Virgo): 13,13.22; 15,8
πλανώμενοι (sc. ἀστέρες: Planeten): 14 tit., 14,1ff.; 15 tit., 15,9f.
πλάτος (Breite, nördl./südl. der Ekliptik): 3,25; 4,5; 15,1.11
πόλος, νότιος bzw. βόρειος (Süd- bzw. Nordpol des Himmels): 3,27; πόλος τοῦ ὁρίζοντος (= κορυφή/Zenit): 5,3
σελήνη (Mond): 15 tit., 15,9f.
σκορπίος (Skorpion): 10,5f.
σφαῖρα (Kugel): 1,1; 3,5.8
στάχυς (Spica): 8,6
συστημάτιον (Plättchen des Diopters): 5,5ff.; 8,2f.
ταῦρος (Stier/Taurus):13,12
τεταρτημόριον (Quadrant): 2,3.5; 3,9.16; 5,1.5; 8,5; 12,3ff.; 13 tit., 13,1.16.18.21
τοξότης (Schütze/Sagittarius): 13,23
τροπαί (θεριναί bzw. χειμεριναί: Sommer- bzw. Wintersonnenwende) bzw. τροπή: 3,23; 12,3; 13,3; 13,18ff.
τροπικὰ σημεῖα (θερινά bzw. χειμερινά bzw. ἰσημερινά: Wendepunkte): 13 tit., 13,1ff.10ff.
τροπικός (sc. κύκλος: θερινός bzw. χειμερινός: Sommer- bzw. Winterwendekreis): 3,19ff.; 12,3ff; 15,2f. 7; s. auch τροπικὰ σημεῖα
τρύπημα (Visierloch): 5,5ff.
τύμπανον (Einlagescheibe): 3 tit., 3,1ff. 10ff.; 4,1; 5,12f.17; 6,6.9; 7 tit., 7,4ff.; 8,7; 9,13; 10,2ff.; 11,4; 13,7; 15,7
ὕψωμα (Höhe sc. über dem Horizont): μέγιστον ὕψωμα (Maximalhöhe). 5,10; 9 tit., 9,4.10.13; 12 tit., 12,2ff.; τὸ αὐτὸ ὕψωμα 13 tit; 13,1ff.
χειμερινὸς τροπικός (Winterwendekreis): s. τροπικός
χρόνος (Zeit): 12,3; 13,19; ἰσημερινοὶ χρόνοι (Zeitgrade: d.h. 360 Grade entsprechen 24 Stunden): 10 tit., 10,1ff.; 10,4ff.; 11 tit., 11,1ff.5
ψηφοφορία (Rechenoperation): 12,1
ὥρα (Stunde, allg.): 2,3; 3,17f.; 5,1.11.16ff.; 6 tit., 6,1.4ff.; 8,1f. 7f; – ὥρα καιρική (Temporalstunde = 1/12 der Zeit von Sonnenaufgang bis Sonnenuntergang): 11 tit., 11,1ff. – ὥρα ἰσημερινή (Äquinoktialstunde): 3,27; 11,1.5; – ὥρα (Jahreszeit) 13,3
ὡριαῖαι γραμμαί (Stundenlinien): 3,20ff.; 5,18; 6 tit., 6,6f.; vgl. 6,1 γραμμαὶ τῶν ὡρῶν
ὡροσκοποῦν κέντρον: s. κέντρον

Bei Fragen zur Produktsicherheit wenden Sie sich bitte an:
If you have any questions regarding product safety,
please contact:

Walter de Gruyter GmbH
Genthiner Straße 13
10785 Berlin
productsafety@degruyterbrill.com